Primeira parte. As intuicións.

Edizioni PensareDiverso
Cenacolo Jung Pauli

Bruno Del Medico
O libro está ilustrado por Elisabetta Del Medico

Todas as cores do enredo cuántico.

Desde o mito da cova de Platón, ata a sincronicidade de Carl Jung, ao universo holográfico de David Bohm. A física cuántica rexeita o materialismo e revela o compoñente espiritual do universo.

Bruno Del Medico Editore
edizioni@delmedico.it

Resumo.

Introdución. De que trata este libro.

O libro divídese en tres partes. Na primeira parte (As intuicións) o autor trata as hipóteses máis relevantes sobre a falsa realidade do mundo perceptible. Os grandes pensadores contemplaron a existencia dun nivel de conciencia que transcende a materia. Atopamos esta idea no "Mito da caverna" de Platón, na "Teoría non materialista" de Berkeley e tamén en "Psicoloxía da forma" (Gestaltpsychologie). A fonte máis autorizada reside nos traballos sobre o "subconsciente colectivo" e sobre a "Teoría da sincronicidade" de Carl Jung.

Na segunda parte (Confirmacións) o autor describe dun xeito elemental pero detallado o camiño da física cuántica, desde o experimento de Thomas Young da barreira con dúas fendas ata os fenómenos da superposición de estados e a correlación cuántica. A través destas claves privilexiadas é posible comprender o enredo cuántico. Na terceira parte (Perspectivas) o autor describe as teorías desenvolvidas por David Bohm sobre o "potencial cuántico" sobre o "universo implícito e o universo explícito" e sobre a visión holográfica do cosmos. Todo explícase con absoluta sinxeleza, sen o uso de fórmulas matemáticas e coa axuda de moitas ilustracións.

A humanidade, dende as súas orixes, quixo investigar a orixe e a composición das cousas, descubrir o seu funcionamento e o seu propósito íntimo.

O método universalmente utilizado consiste en descompoñer obxectos en partes cada vez máis pequenas e logo analizalos con todas as técnicas posibles, desde a investigación visual ata as reaccións químicas. Isto aínda ocorre hoxe. Por exemplo, se un científico quere descubrir a estrutura química e física dun cubo de granito, dividilo en anacos cada vez máis pequenos ata dividilo en átomos individuais.

Non obstante, se o propio científico quere investigar as partículas individuais que forman o átomo, recibe unha sorpresa incrible. O cubo de granito compórtase como o faría un cubo de xeo. O científico ve a materia que se converte en néboa, se evapora, desaparece entre os dedos. A materia sólida convértese en enerxía que vibra.

As partículas individuais transfórmanse en ondas fluctuantes sen ningunha corporeidade sólida.

A nivel subatómico, a materia xa non é materia sólida, convértese en algo diferente.

As partículas elementais nos enganan. Parecen manchas sólidas se alguén as observa, pero compórtanse como ondas vibrantes cando non se observan.

Os átomos practicamente só conteñen baleiro.

Na superficie, cremos que podemos tocar, pesar, manipular e medir a materia. Pero, na súa composición máis íntima, a materia convértese nunha onda de baleiro, enerxía, información, onda ou vibración. O que nos parece un material sólido, na súa esencia máis íntima, xa non é un material sólido.

Neste punto, está claro que xa non podemos falar dunha única realidade. Dependendo dos niveis de observación, desde o extremadamente pequeno ata o infinitamente grande, hai moitas realidades, todas diferentes pero todas absolutamente certas.

Ou, quizais, hai moitos aspectos dunha realidade superior, aínda descoñecida. Todas as filosofías e relixións sempre hipotetizaron unha "zona do espírito" que transcende a materia; ninguén, con todo, foi quen de proporcionar probas da súa existencia. Hoxe a física cuántica está abrindo unha enorme ventá sobre horizontes que, ata o século pasado, non podiamos imaxinar. As confirmacións proceden dos experimentos realizados con éxito, especialmente os relacionados co fenómeno do enredo cuántico.

Hoxe sabemos que hai un nivel de realidade que xa non está suxeito ás restricións da física newtoniana. A física da materia xa non é suficiente para describir o universo.

A física cuántica demostra a existencia dun nivel no que a enerxía e a información apodéranse da materia. Este é o chamado nivel "non local". Poderiamos definilo a nivel psíquico ou espiritual.

Neste nivel, unha Intelixencia universal interactúa coa humanidade. Os camiños de comunicación co universo intelixente pasan polo inconsciente colectivo teorizado por Carl Jung.

As sincronicidades jungianas guíanos nun proxecto evolutivo cultural. É un proxecto do que comezamos a tomar conciencia.

Primeira parte. As intuicións.

Fenómenos inexplicables.

Segundo algúns recoñecidos textos de técnica aeronáutica, o avispón (Vespa crabro) non pode voar debido á forma e ao peso do seu corpo en relación coa superficie das ás. Pero o avispón non o sabe e, polo tanto, segue voando.
(Igor Ivanovich Sikorsky, pioneiro da aviación rusa)

O libro Guinness dos rexistros contén moitas rarezas. Entre estas noticias pouco comúns hai unha que é realmente particular. Este é o récord das parellas de xemelgos nados en diferentes momentos. O Guiness enumera algúns pares de xemelgos que naceron co intervalo de tempo máis longo entre eles.

Ao contrario do que se podería imaxinar, este intervalo non consiste en horas ou días, senón meses. Por exemplo, no 2000 Sandra Beveridge de West Lothian, un condado escocés, deu a luz a xemelgos con 28 días de diferenza. Peggy Lynn, unha muller de Pensilvania, foi aínda mellor. En 1995 Peggy deu a luz a xemelgos nados con 84 días de diferenza. Non obstante, o rexistro actual pertence a Maria Jones-Elliot que deu a luz a Amy en Irlanda en 2013 e só despois de 87 días deu a luz á súa xemelga Katie.

Os médicos especifican que se trata de casos moi raros. Estes casos só se producen cando os xemelgos crecen en dous sacos placentarios separados.

Xemelgos relacionados en modo "cuántico".

Hai un aspecto interesante que me convenceu para mencionar o rexistro de nacementos xemelgos atrasados. É o feito de que o libro "The Guinness Book of Recods" naceu da pluma de dous autores. Chamábanse Ross e Norris McWhirter, dous irmáns xemelgos. Estes dous xemelgos, ademais de ser os autores do libro, foron os protagonistas dun suceso certamente "imposible".

Guinness é actualmente o terceiro libro máis vendido no mundo, despois da Biblia e o Corán. Este libro representa o desenvolvemento práctico dunha idea nacida dun xeito absolutamente casual, durante unha viaxe de caza que tivo lugar o 4 de maio de 1951.

Un dos participantes na caza foi Sir Hugh Beaver, director xeral das Guinness Breweries de Dublín, e Sir Beaver non alcanzou a algunhas aves do xénero "Pluvialis apricaria". Os paxaros eran máis rápidos que o rifle de Sir Beaver e fuxiron a gran velocidade en canto sentiron a presenza do cazador.

Este inconveniente provocou un debate entre Sir Beaver e os outros cazadores, para determinar que ave era a máis rápida.

Nos días seguintes, Sir Beaver, que evidentemente non estaba moi ocupado co papel de administrador, continuou reflexionando sobre o problema. Finalmente chegou á conclusión de que moitos, coma el, estarían interesados en saber non só que ave era a máis rápida, senón calquera outro tipo de excelencia en diferentes actuacións. Por iso, decidiu crear un libro onde todos puidesen acceder a este tipo de información.

O contido do libro debía ser unha colección de primates en diferentes actividades. Como resultado, Sir Beaver pediu axuda a dous especialistas no sector do atletismo, os irmáns Ross e Norris McWhirter, e encargoulles a escritura do libro.

O libro saíu por primeira vez o 27 de agosto de 1955 coa sinatura dos dous irmáns. O título era "O libro Guinness of Recods".

Figura 1 - Os xemelgos Norris (esquerda) e Ross McWhirter (dereita) autores da primeira edición de "The Guinness Book of Recods". Os dous foron os protagonistas dun incrible caso de comunicación extrasensorial.

O libro tivo de inmediato ese rotundo éxito que continúa na actualidade. (Fig.1). Obviamente, os autores fixéronse moi coñecidos, polo que os acontecementos da súa vida están moi ben documentados e testemuñados.

Os xemelgos Ross e Norris McWhirter.

Ross e Norris naceron o 12 de agosto de 1925 de William McWhirter, editor de Sunda Pictorial, e Margaret Williamson.

En 1950 convertéronse en xornalistas deportivos. Un amigo deles, o corredor Christopher Chataway, traballaba na fábrica de cervexa Guinness. Cando Christopher soubo que o administrador Hugh Beaver buscaba persoas competentes para facer un libro sobre primates, recomendoulles aos xemelgos. Os dous recibiron inmediatamente a tarefa de escribir o libro.

Nos anos 60, Ross converteuse nun activista político do Partido Conservador. Independentemente dos tempos difíciles, apoiou moitas leis restritivas promulgadas por Gran Bretaña contra a poboación irlandesa. Ross incluso suxeriu unha recompensa de 50.000 libras esterlinas a calquera que proporcionase información útil para a detención dunha célula do IRA (exército republicano irlandés). Naquela época o IRA estaba a realizar moitos ataques en Londres. O IRA consideraba a Ross McWhirter como un inimigo directo.

O 27 de novembro de 1975, dous membros do IRA mataron ao xornalista Ross. Os dous esperárono cando regresou á casa. Cando chegou, os asasinos dispararon contra el dous disparos. Eran as 6.45 da tarde.

Ao mesmo tempo que Ross foi asasinado, o seu irmán xemelgo Norris estaba a uns 45 quilómetros de distancia falando con algunhas persoas. De súpeto, Norris suspirou con forza. Xuntou a cabeza entre as mans, coma se lle estoupara a cabeza. Para abraio dos presentes, case se desmaia. Eran as 6.45 da tarde.

As persoas presentes testemuñaron o feito. O testemuño está documentado polo erudito Guy Lyon Playfair no seu libro "Twin Telepathy":

> "A principios do 27 de novembro de 1975, dous homes armados dispararon dous disparos contra o escritor e personaxe da televisión Ross McWhirter. A emboscada produciuse mentres a vítima estaba de pé na porta da súa casa ao norte de Londres. Foi trasladado ao hospital pero foi declarado morto pouco despois da chegada. Unha testemuña presencial que estaba co seu irmán xemelgo Norris McWhirter deume este testemuño: "Ao mesmo tempo que se lle disparou a Ross, Norris tivo unha reacción dramática, case coma se fora golpeada por unha bala invisible".

Este non é o único caso dun xemelgo que, ao estar a moita distancia, reacciona ante acontecementos relacionados co outro xemelgo.

Vizcondesa Thelma Furness.

Thelma Morgan, nada en Suíza o 23 de agosto de 1904, era filla de Harry Hays Morgan, un diplomático estadounidense que exerceu como cónsul dos Estados Unidos en Bos Aires e Bruxelas. Thelma e a irmá xemelga Gloria naceron de Laura Delphine Kilpatrick. (Fig.2).

Laura Delphine era neta dun xeneral da Unión e, a través da súa avoa materna, era descendente da casa real española de Navarra.

Polo tanto, as irmás xemelgas tiñan todos os requisitos para asistir á mellor sociedade da época. Thelma converteuse na amante do príncipe de Gales, o futuro rei Eduardo VIII.

De feito, Thelma precedeu a Wallis Simpson no corazón de Edward. Máis tarde, con todo, por amor a Wallis, Eduardo renunciou ao trono e converteuse en duque de Windsor.

Durante a súa relación co príncipe Eduardo en 1929, Thelma casou cun nobre, o vizconde Marmaduke Furness. O matrimonio non durou moito pero permitiulle levar o título de vizcondesa Furness ao longo da súa vida. Durante o breve matrimonio, Thelma deu a luz a William Anthony.

A xemelga de Thelma, Gloria, casou con Reginald Claypoole Vanderbilt. A pesar das súas vidas diversas e complicadas, as dúas irmás mantiveron un forte vínculo psíquico.

Este vínculo manifestouse fortemente cando Thelma, que estaba embarazada de William Anthony, deu a luz ao seu fillo prematuramente. Estaba nese momento en Melton Mowbray, Reino Unido.

Naquel momento, a súa irmá Gloria atopábase ao outro lado do océano, en Nova York, polo que descoñecía por completo o nacemento prematuro.

Non obstante, ao mesmo tempo que lle sucedía á súa irmá xemelga, Gloria tamén experimentou unha forte dor abdominal, coma se ela mesma tivese que dar a luz un fillo.

Gloria foi axudada de inmediato pero non foi posible establecer a causa da súa dor.

Só máis tarde foi posible conectar as dores de Gloria co nacemento prematuro de Anthony, que se produciu ao mesmo tempo.

Gloria participou misteriosamente nos problemas de Thelma coma se fose unha coa súa irmá. A unión non só era psíquica senón tamén física.

Os dous casos que mencionei son moi coñecidos. Hai probas abundantes e fiables sobre estes casos. Estes casos confirman que algúns pares de xemelgos, en virtude dun misterioso vínculo establecido polo nacemento común, poden compartir sensacións físicas dun xeito que contradí todas as leis elementais da física. Isto é máis evidente cando consideramos a distancia entre os xemelgos cando acontecen os feitos.

A notoriedade e os testemuños destes casos fan difícil argumentar que se trata de historias de ficción. Estes episodios están tan ben documentados, que tamén se mencionan no sitio web do CICAP ("Comité italiano para o control de reclamacións en pseudociencias").

Esta asociación fixo a súa misión de impugnar e desprestixiar calquera reclamación relacionada con fenómenos extrasensoriais. Non obstante, o CICAP cataloga os casos descritos como "coincidencias sensoriais" e defíneas como "casos decididamente sensacionais".

De feito, as historias destes xemelgos mostran unha gran correspondencia con algúns aspectos típicos das partículas subatómicas. A física cuántica demostrou que dúas partículas correlacionadas, é dicir, unidas por condicións particulares (normalmente, naceron dun evento común) adquiren a capacidade de permanecer "conscientemente" conectadas a calquera distancia, coma se fo.

Figura 2 - Thelma Morgan, vizcondesa Furness (dereita) coa súa xemelga Gloria. Mentres Thelma, no Reino Unido, se atopaba no sufrimento dun parto prematuro, a súa irmá Gloria, en Nova York, sentiu as mesmas dores.

A materia, só a materia, nada máis que a materia.

"Os materialistas e os tolos nunca teñen dúbidas".
(Gilbert Keith Chesterton)

Segundo a ciencia actual, hai cousas que "poden ser" e outras que "non poden ser".

Os primeiros son todas aquelas cousas que se poden pesar, medir e reproducir no laboratorio. Entre estas cousas tamén entendemos os efectos relacionados, como o magnetismo e a forza da gravidade.

Todas as outras instancias, comezando por fenómenos extrasensoriais, son o resultado dunha ilusión ou superstición. Os defensores destes fenómenos son tramposos ou, no mellor dos casos, padecen trastornos mentais e deberían estar sometidos a tratamento médico. Para apoiar esta tese, búscanse explicacións absurdas que rozan o ridículo. En calquera caso, a existencia destes fenómenos é negada de antemán.

Cómpre dicir que a ciencia actual apoia esta actitude en bases aparentemente sólidas, é dicir, en leis físicas coñecidas. Estas leis están establecidas e consolidadas durante algúns séculos. Estas son as leis que nós mesmos podemos verificar se observamos o mundo que nos rodea empregando os nosos sentidos enganosos. Tentarei resumir brevemente as teorías materialistas.

Monismo e reduccionismo materialista.

O concepto de monismo é moi antigo, remóntase ao século V a.C., concretamente á filosofía de Parménides. O termo "monismo" foi usado en 1734 polo filósofo alemán Christian Wolff que, na súa obra "Psicoloxía racional", define "monistas" como aqueles que "admiten un só tipo de substancia".

O monismo distínguese do dualismo ou pluralismo, segundo o cal o todo se pode atribuír a dous ou máis tipos de substancias. Algúns dualismos típicos son:

- psique / materia
- mente / corpo.

A ciencia materialista reduce toda a realidade a un tipo de "substancia", a materia sólida. Ao mesmo tempo, o materialismo exclúe calquera presenza psíquica ou espiritual. Só todo o que é físico é real. A mente, o pensamento, a conciencia son só o residuo de procesos químicos que teñen lugar no cerebro.

Por certo, especificamos que non só hai monismo materialista; por exemplo, tamén hai un monismo chamado "idealista". Trátase de "mentalismo" e afirma exactamente o contrario: só o aspecto mental é real.

Estas dúas posicións son incorrectas á luz dos recentes descubrimentos de física cuántica, como veremos máis adiante no libro. De feito, ambos negan que poida haber un universo no que a materia e a psique (ou espírito) traballen xuntos de xeito harmónico nun gran proxecto creativo.

Determinismo e causalidade.

Segundo estes principios, o universo é unha máquina que funciona coma un reloxo. Todo está establecido, todo está determinado. Cada evento, cada cambio dun obxecto é funcional na súa posición, a súa velocidade inicial e as forzas materiais presentes ao seu redor.

Unha semente absorbe os nutrientes do chan e produce un brote. A semente empurra o brote cara arriba cunha certa forza. Se a forza é suficiente, o brote de semente rompe a cortiza do chan e emerxe, se non, morre baixo terra.

Cando o brote da semente emerxe do chan, a forza das raíces empúxaa cara arriba. Nese momento pode competir coas plantas circundantes absorbendo a luz solar e a choiva. Todo funciona coma un reloxo, a planta medra por unha serie de mecanismos dos que a planta non é absolutamente consciente.

Se lanzo unha pedra, seguirá un camiño determinado polo seu peso e a forza coa que a tirei. Se a pedra golpea un obxecto, dálle un golpe proporcional á enerxía posuída. Nunca pasa que unha pedra se mova de forma autónoma por si mesma. Ningún obxecto se move a non ser que o estimule outro obxecto.

Polo tanto, cada acción é causada por outra acción. Cada acción herda a forza da acción que a causou e distribúe a forza ás accións posteriores.

Isto é moi útil para a ciencia actual porque permite determinar a posición de cada obxecto no universo en calquera momento e predicir o comportamento das máquinas e dos equipos industriais. As máquinas, se reciben as enerxías adecuadas, poden realizar funcións precisas ata unha milésima parte de milímetro para obter os resultados desexados.

René Descartes dividiu a realidade nun dualismo mente-materia, anticipando así o concepto de determinismo, que exclúe a necesidade dunha mente. Isaac Newton desenvolveu máis tarde o concepto de exclusión da mente en favor da singularidade da materia. Pierre Laplace tamén retoma este concepto no seu libro sobre mecánica celeste. (Mécanique céleste, 1805).

Este foi o primeiro libro sen mencionar a Deus como a causa da creación. O propio emperador Napoleón quedou abraiado e preguntoulle a Laplace: "Por que non mencionaches a Deus na túa obra?".

Laplace respondeu: "É unha hipótese que non necesitaba".

A causalidade nega absolutamente a posibilidade de que haxa un proxecto creativo no que o home participe. A intelixencia humana é un subproduto inútil da materia. Todo funciona ben sen necesidade de achegar intelixencia de ningún tipo.

A continuidade e dirección do tempo.

A ciencia actual está convencida de que cada evento é causado por outro evento. Á súa vez, cada evento provoca outros. Isto implica o concepto de que todos os cambios e todas as dinámicas do universo acontecen continuamente, sen pausa, nun carrusel que comezou co Big Bang e nunca rematará. Ademais, toda esta evolución continua ocorre só nunha dirección, segundo a dirección do tempo, que só avanza.

Chamamos "dirección do tempo" a un fenómeno tal que un sistema físico pode evolucionar dun estado inicial a un estado posterior, nun momento determinado, pero nunca pode volver ao estado inicial.

A realidade tal e como a percibimos chámase realidade do nivel macroscópico. Neste nivel estamos suxeitos á lei da entropía. Esta lei di que a desorde só pode aumentar co tempo. Entón, se rompes un vaso, seguramente poderás romper cada peza. Non obstante, non penses que as distintas pezas volverán conectarse para formar de novo o vaso saudable.

Curiosamente, podemos ver que isto é certo só a nivel macroscópico. Pola contra, a nivel microscópico, case todos os procesos físicos son simétricos. É dicir, as ecuacións que os describen mostran que funcionarían moi ben tanto cara adiante como cara atrás no tempo.

Curiosamente, segundo o principio de causalidade, a ciencia é capaz de predicir exactamente o comportamento do universo que nos rodea. Non obstante, ao mesmo tempo, a ciencia nega que poidamos saber de antemán o que pasará despois na nosa vida persoal. Polo tanto, a ciencia rexeita a existencia dos fenómenos de coñecemento do futuro persoal. É dicir, a ciencia afirma que pode predicir o futuro para o universo, pero nega a posibilidade de predicir o futuro para o individuo único.

O concepto de "non localidade"

Todos os fenómenos e os seus efectos están "localizados", é dicir, ocorren nunha porción medible do espazo. Ademais, todos os fenómenos propáganse cunha velocidade e un tempo medibles.

Unha acción remota entre dous obxectos é imposible sen a mediación dunha "forza física". É necesario que "algo" una os dous obxectos atravesando o espazo que os separa. Esta forza redúcese cando aumenta a distancia.

Os obxectos materiais teñen un límite de velocidade de aproximadamente 300.000 quilómetros por segundo. Nada pode superar esta velocidade. Isto determina, por exemplo, que as comunicacións entre os satélites espaciais e a superficie do planeta poden atrasarse moito.

Se se produce unha erupción na superficie do Sol, só a poderemos ver despois de oito minutos. Este é o tempo que leva a luz da explosión viaxar á Terra. Entón, se estás a mirar ao Sol, sabe que ese é o Sol de hai oito minutos. Mentres tanto o sol pode estoupar e destruír, pero só o saberemos despois de oito minutos.

Esta característica impide que unha determinada acción realizada nun lugar teña efectos simultáneos inmediatos noutro lugar.

Así, para tomar un exemplo espacial, podemos supoñer que se un asteroide tolo escapa da nube de Oort e se dirixe cara ao planeta Terra, teremos polo menos uns anos para desenvolver estratexias defensivas.

Neste sentido, a ciencia aceptou con entusiasmo a confirmación de Einstein, segundo a cal o concepto de localidade segue vixente incluso no contexto da teoría da relatividade.

Afortunadamente, o límite de 300.000 km / seg impide que o asteroide provoque de inmediato un impacto no noso planeta.

A nivel macroscópico, é dicir, nas dimensións do universo, as leis físicas coñecidas impiden que isto suceda. A nosa vida diaria tamén ten lugar a nivel macroscópico. A "lei local" garántenos que se, no contexto dunha disputa familiar, a muller nos tira unha maceta, temos tempo para movernos para evitar o obxecto.

Como veremos, no plano subatómico, con todo, está en vigor a "lei da non localidade". Neste nivel, a maceta golpearíanos no mesmo momento no que se lanza na nosa dirección, calquera que sexa a distancia.

Unha realidade obxectiva.

O mundo material é absolutamente independente do pensamento humano, é dicir, da nosa conciencia. A conciencia non ten peso nin masa e, polo tanto, non pode facer que un obxecto se mova a distancia, como podería facer unha bola de billar. Ningún procesamento da conciencia pode modificar a materia nin afectala.

Non obstante, hai situacións, a nivel subatómico, nas que o observador, coa súa vontade e, polo tanto, coa súa conciencia, determina a realidade. Co seu método de observación, o observador pode establecer a natureza dun obxecto subatómico, é dicir, pode establecer se ese obxecto é unha onda ou unha partícula. Non só iso, o observador pode determinar o comportamento do obxecto. Polo tanto, a nivel subatómico hai unha realidade obxectiva diferente. Verificaremos este aspecto no capítulo dedicado ao experimento de dobre fenda.

Os síntomas ilusorios.

Ademais, segundo os defensores do materialismo, todo o que non é material é un produto non desexado de materia física.

A conciencia, o pensamento, os sentimentos, o amor ou a piedade son manifestacións accesorias, "espurias" da materia, e a súa presenza ou ausencia non afecta á explicación de fenómenos reais. Os fenómenos só poden existir se están físicamente relacionados coa propia materia. A espiritualidade e todo o procesamento mental son produtos de refugallo dos procesos químicos que teñen lugar na materia cerebral.

Si, con todo, o teorema de non completitude de Gödel...

Esta seguridade científica é inmediatamente cuestionada pola propia ciencia. Kurt Friedrich Gödel foi un matemático, lóxico e filósofo estadounidense naturalizado austríaco, máis coñecido polos seus traballos sobre a incompletude das teorías matemáticas.

O teorema que leva o seu nome afirma esencialmente o seguinte principio. Todo sistema algorítmico usado para probar un principio matemático resulta incompleto ou contraditorio, xa que conterá inexorablemente unha parte que non se pode probar.

Isto ocorre cando o algoritmo é suficientemente elaborado.

As leis físicas tamén son matemáticas. Polo tanto, baséanse en algoritmos matemáticos que inevitablemente conteñen unha parte que non se pode demostrar loxicamente. Non obstante, esta parte funciona.

Isto significa que, cando un matemático elabora un algoritmo, sae do sistema lóxico para capturar unha verdade matemática que transcende o contexto no que se aplican o procedemento lóxico e a proba.

Esta verdade xa existe, pero non pode ser "atrapada" na fórmula. A realidade percíbese e utilízase instintivamente sen poder facela "sistemática".

Polo tanto, se as leis da física guían o comportamento da materia, hai que recoñecer que conteñen elementos a priori existentes, que transcenden o mundo material.

Esta idea chámase "platonismo matemático" porque Platón xa intuíra que o comportamento do mundo material está suxeito a símbolos matemáticos que non pertencen ao procedemento lóxico senón ao mundo arquetípico.

Mente e cerebro.

¿O universo non é máis que un montón de materia ou ten a súa propia conciencia, como sempre afirmaron as culturas máis antigas?

A nosa conciencia é un subproduto da química cerebral ou é derivada da conciencia universal?

A teoría da maioría das culturas é que a "conciencia universal" é a fonte da que xorde toda a creación. Todo está vivo e todo é un.

Esta concepción que podemos definir mística foi negada e rexeitada pola cultura científica dos últimos séculos. É unha cultura que se desenvolveu noblemente na Ilustración pero que logo se corrompeu no materialismo.

Actualmente, a maioría dos círculos científicos cren que a mente é só unha creación do cerebro. O home sería só unha máquina que, como efecto secundario, adquiriu a capacidade de procesar pensamentos e sentimentos. Se tivésemos máquinas capaces de analizar o cerebro en profundidade, poderiamos establecer con certeza que reacción química nos xera a sensación de ter unha alma, de amar á nosa nai ou crer na existencia da vida eterna.

A esperanza do materialismo é que algún día será posible desenvolver un "deterxente cerebral" que inhiba a formación destas molestas reaccións químicas, liberando á humanidade de toda superstición.

Polo tanto, a ciencia considera o fenómeno da vida a partir do fondo, é dicir, da materia como base primaria. A materia agrégase en moléculas e células, que evolucionan e suben á escaleira evolutiva baixo a dirección dun ADN que nace espontaneamente por casualidade.

O ADN xerado por casualidade á súa vez xera o cerebro. No cerebro, os estímulos electroquímicos xeran os arranxos que fan funcionar a maquinaria do corpo. Como subproduto, o cerebro tamén xera soños, sentimentos, emocións, creatividade e todo o que chamamos actividade da mente.

Pola contra, todas as grandes tradicións espirituais consideran o fenómeno da vida comezando desde arriba, non desde abaixo. En primeiro lugar hai unha conciencia universal da que todo procede, en primeiro lugar a vida.

En todas as formas de vida a conciencia universal segue a estar presente e cada forma de vida ten a súa propia conciencia individual. A conciencia individual é un fragmento da conciencia universal. Da conciencia universal emana toda a creación, incluída a materia. Os obxectos materiais tamén están impregnados de conciencia universal. Grazas a isto, a materia física pode organizarse en harmonía, segundo un proxecto que non está contido na "materia física".

O mito da cova.

Podemos perdoar a un neno cando ten medo á escuridade. A verdadeira traxedia da vida é cando un home maior ten medo da luz.
(Platón)

Como se fai unha cadeira?

Sempre houbo unha corrente cultural que, ao cruzar as distintas disciplinas do pensamento, desde a filosofía á espiritualidade ata a ciencia moderna, apoiou a ilusión da realidade na que vivimos. Creáronse teorías dos máis diversos xéneros. No poema "Sobre a natureza" Parménides argumenta que a multiplicidade e os cambios do mundo físico son ilusorios. Como veremos, Platón na "República de Platón" propón o famoso mito da cova. Máis tarde George Berkeley argumentará que sentimos que as cousas realmente existen pero, en realidade, as cousas son só abstraccións. Segundo Berkeley, non hai obxectos materiais, só coleccións de ideas.

Ata hai unhas décadas considerábanse como "curiosas teorías ou imaxes da imaxinación". Hoxe a física cuántica demostrou que se trata de ideas con absoluta dignidade.

De feito, examinamos as "cousas" no noso nivel macroscópico e considerámolas concretas. Non obstante, se examinamos as "cousas" no infinitamente pequeno, as "cousas" parecen absolutamente diferentes.

Unha cadeira parécenos sen dúbida un obxecto sólido. A propia cadeira, examinada a nivel dos átomos e partículas subatómicas que a compoñen, convértese nun conxunto de vibracións espalladas nun inmenso baleiro.

Toda a materia, examinada na súa composición subatómica, ten estas características. Todo o que nos parece tanxible, pesable e medible só funciona en función do percibido polos nosos sentidos. Polo tanto, os sentidos móstrannos un cosmos ilusionante e imaxinario. Os sentidos operan deste xeito para permitirnos vivir e interactuar co ambiente que nos rodea. Isto non impide que todas as cousas sexan unha xigantesca ilusión sobre a nosa fisicidade. Basicamente, vivimos nunha casa de bonecas con todos os mobles e mobiliario feitos á medida segundo as nosas necesidades e necesidades.

Figura 3 - Platón (Atenas, 428/427 a. C. - Atenas, 348/347 a. C.), foi un antigo filósofo grego. No "Timeo" discute a relación entre o mundo da natureza e o mundo das ideas.

Fóra da casa, todo é moi diferente. Como di o protagonista dunha famosa traxedia de Shakespeare: "Hai máis cousas no ceo e na terra, Horacio, do que a túa filosofía imaxina". (Hamlet, acto I, escena V).

Segundo algúns sorprendentes experimentos, todo o que percibimos como "realidade", incluído o noso propio corpo, podería ser o resultado das interaccións que se producen entre a nosa conciencia e os estímulos de calquera tipo percibidos polos nosos sentidos.

Na práctica, a visión da realidade que nos rodea é completamente reelaborada pola nosa conciencia. Sabemos moi pouco desta realidade, de como é realmente.

Entón, que é realmente a realidade? Se nos referimos ao que podemos tocar, cheirar, probar ou ver, estamos nun camiño falso. Todas estas "sensacións" son só sinais químicos, eléctricos ou doutro tipo. Os nosos sentidos perciben estes sinais e envíanos ao cerebro. A continuación, o cerebro constrúe unha imaxe segundo procedementos pouco coñecidos.

Se miramos unha árbore que temos diante, a vista percibe a súa forma e envíaa ao cerebro. A imaxe da árbore está construída no cerebro. O cerebro atribúe cores, cheiros, textura e outras características á forma da árbore. Máis alá do procesamento producido polo cerebro, non sabemos como se fai a árbore, nin cales son as súas cores, nin sabemos se, en realidade, está coloreada.

Platón e a busca de coñecemento.

Platón foi un antigo filósofo grego. Xunto co seu profesor Sócrates e o seu alumno Aristóteles sentou as bases do pensamento filosófico occidental. (Fig. 3). Naceu en Atenas de pais aristocráticos: o seu pai Aristone tiña entre os seus antepasados ao último rei de Atenas, Codro, mentres que se di que a súa nai, Perictione, descendía do lexislador Solon.

O seu pai deulle o nome de Aristocles, que era o mesmo nome que o seu profesor de ximnasia. Máis tarde Aristocles deulle o alcume de Platón, tanto polo ancho dos ombreiros como para evitar que o alumno tivese o mesmo nome que o profesor.

Segundo o testemuño de Apolodoro de Atenas, Platón naceu a principios da 88a Olimpíada grega, é dicir, a finais de maio do 428 a.C.

Platón tiña dous irmáns, Adimanto e Glaucone, que son mencionados na súa obra "República". Tamén tiña unha irmá maior, chamada Potone.

Platón participou en tres expedicións militares, durante a guerra do Peloponeso, a Tanagra, Corinto e Delio.

Coñecendo a Sócrates, Platón destruíu todas as súas composicións poéticas e dedicouse completamente á filosofía.

O encontro con Sócrates foi fundamental para a personalidade de Platón. Platón sufriu porque o goberno democrático ateniense acusou a Sócrates de blasfemia e corrupción dos mozos.

Sócrates foi condenado a morte no 399 a.C.

Despois da desaparición de Sócrates os seus discípulos, incluído Platón, deixaron Atenas para refuxiarse en Mégara.

A partir do 395 Platón comezou a escribir os primeiros "diálogos". Nestes escritos aborda o problema cultural que representa a figura de Sócrates e a súa inxusta condena. Platón critica duramente a función dos sofistas. Os sofistas eran "mestres da virtude" aos que lles pagaban por impartir as súas ensinanzas, para o que eran chamados "prostitutas da cultura".

En 387 Platón regresou a Atenas; e mercou un parque dedicado a Academo. Neste parque fundou unha escola que chamou "Academia".

A Academia implementou un método de ensino particular chamado dialéctica. A ensinanza desenvolveuse a través de debates, nos que participaron os propios alumnos, dirixidos por Platón ou polos alumnos maiores. Ás veces a Academia impartía conferencias de ilustres que pasaban por Atenas. Platón morreu no 347 a.C.

Filosofía platónica.

Segundo Platón, o ser humano está composto por dúas partes. A primeira parte consiste nun corpo, irremediablemente ligado ao mundo das cousas perceptibles. Polo tanto, o corpo do home segue o mesmo destino que todo o pertencente a este mundo, como as plantas e os animais.

A segunda parte do ser humano é a alma, composta por conciencia e razón. Esta parte non está feita de materia e, polo tanto, é inmortal, porque non pode acabar en decadencia física.

Platón afirma a existencia dun lugar psíquico chamado "Mundo das Ideas". Este mundo existe igual que o mundo das cousas materiais. O mundo das ideas é o lugar privilexiado para a existencia da alma e pode ser observado polo home a través da razón.

As almas paran no mundo das ideas á espera de residir nun corpo. Nesta espera as almas maduran un perfecto coñecemento das Ideas. Non obstante, cando as almas descenden a un corpo, esquecen este coñecemento ou, mellor dito, gardan só un feble recordo del. Polo tanto, calquera forma de aprendizaxe que se desenvolva na vida humana non é unha nova adquisición de información, senón un proceso de reminiscencia de cousas xa coñecidas, aínda que se esqueza.

A base conceptual da filosofía de Platón desenvólvese en varios diálogos como o "Meno", o "Fedón" e o "Teeteto". Nestas obras nega que a procura do coñecemento sexa imposible, como afirmaban os filósofos "Eristi". As teses destes filósofos pódense resumir do seguinte xeito:

- Supoñamos que non sabe o que busca. Se o atopas, non o recoñecerás como o obxectivo da túa busca.
- Se xa sabes o que buscas, a túa busca non ten sentido.

Platón resolve o problema opoñendo a súa filosofía de ideas a estes supostos:
- O obxecto da investigación é só parcialmente descoñecido, porque a alma de todo home contempla as Ideas orixinais antes do nacemento, pero logo as esquece. En consecuencia, o obxectivo da investigación do home é o coñecemento que xa está presente nel, aínda que sexa esquecido.

O mito da cova de Platón.

Para Platón, as ideas son perfectas e inmutables e existen independentemente dos corpos, polo tanto non poden derivar dos sentidos (vista, oído, olfacto, etc.). Os cinco sentidos son ferramentas imperfectas do corpo. Utiliza o mito da cova para explicar este concepto. A cova é un lugar de prisión para os homes, que se ven obrigados a mirar unha realidade enganosa, é dicir, as sombras reflectidas na parede traseira. As imaxes reais atópanse fóra da cova, á luz do sol, é dicir, á luz da razón e do coñecemento non mediado polos sentidos; por desgraza, os prisioneiros non o saben.

Platón propón este que é o máis famoso dos seus mitos no libro VII da súa obra "República" e expóno a través dun diálogo entre Sócrates e o discípulo Glaucón. O diálogo ten lugar máis ou menos así:

"Agora Glaucón, imaxina a condición humana semellante a unha situación coma esta que che describo. Imaxina que algúns homes se aloxan nunha vivenda subterránea en forma de cova. A entrada, aberta á luz, é tan ancha como toda boca de toda a cova. Os homes están encerrados aquí dende a infancia con cadeas ao redor dos pés e do pescozo, de xeito que non poden moverse e só poden mirar cara adiante. Detrás deles brilla a luz dun lume ardente. "

Glaucone respondeu: "Que estraña esta imaxe e que estraños prisioneiros!"

Sócrates continuou dicindo:

"Por suposto, os prisioneiros parecen estraños. Cres que viron algo na súa vida que non fosen as sombras proxectadas polo lume no fondo da cova?

Se puidesen falar, probablemente o tema da discusión serían as sombras que aparecen no fondo da cova. "

"Sen dúbida."

"Así, os prisioneiros crerían que as sombras deses obxectos eran a única realidade existente".

"É absolutamente así".

"Ben, se alguén libera a eses prisioneiros das súas cadeas, que podería pasar? Se de súpeto un preso fose capaz de levantarse e mirar ao seu redor, saír e mirar a luz, que pasaría? Probablemente, pola luz cegadora, o prisioneiro poderá ver o mundo que o rodea.

Non cres que o preso estaría perplexo? O preso podería concluír que as sombras, antes visibles, eran máis verdadeiras e cómodas que a luz que agora o cega. ¿Non cres que é o caso? "

O mito da cova representa unha perfecta analoxía entre a condición dos prisioneiros e a nosa condición. Analizando o simbolismo do mito podemos establecer algúns paralelismos:

- Os prisioneiros representannos, no sentido de que vivimos nunha situación similar.
- O interior da cova é o noso mundo empírico, é dicir, o mundo diario da nosa experiencia.
- As cadeas que nos prenden son os cinco sentidos. Os sentidos son ferramentas absolutamente imperfectas que nos obrigan a ver unha falsa realidade.
- As sombras que aparecen no fondo da cova son soños, medos, fantasías e ilusións. Estes baséanse na falsidade xeral da situación.
- Liberarse das cadeas para ver a realidade e a luz do sol, significa liberarse do condicionamento dos sentidos.

Este condicionante non é filosófico senón físico. Só podemos escoitar e ver dentro dos estreitos límites das posibles frecuencias, podemos probar dentro dos límites do doce e do salgado. Polo tanto, só podemos ter información limitada sobre obxectos. Podemos avaliar a súa solidez e a súa calor moi grosso modo. Ao mesmo tempo, non podemos entender nada sobre a composición elemental das moléculas e átomos que compoñen a materia.

A nosa percepción do mundo debe liberarse dos grilletes. A liberación non pode ser física, porque non podemos forzar os cinco sentidos a funcionar de xeito diferente. Ao final, debemos agradecer aos cinco sentidos o seu funcionamento, porque nos permiten interactuar coa realidade macroscópica na que vivimos.

Polo tanto, a liberación debe ser intelectual. Temos que construír dentro de nós a conciencia de que hai unha realidade "por aí".

Figura 4 - Algunhas personalidades que enunciaron teorías contra o materialismo (foto da web).

Foto superior: Hans Driesch e Ernst Schumacher.

Foto inferior: Gottfried W. Von Leibniz e Henri-Louis Bergson.

Os sentidos non nos permiten ver esta realidade. Non obstante, esta realidade pódese experimentar con razón.

A nivel de conciencia, podemos recoñecer que todas as verdades negadas polos sentidos como, por exemplo, a espiritualidade, a alma, a dimensión psíquica das ideas e unha intelixencia ordenadora do cosmos están alí fóra e poden manifestarse con forza. as nosas conciencias. Isto pode ocorrer a pesar de que na experiencia cotiá seguimos encadeados na prisión dos sentidos físicos.

Os prisioneiros nunca viron nada máis que as súas sombras, polo que pensan que as sombras son realidade. Non obstante, un prisioneiro escapa e mira ao seu redor. Ve obxectos e entende que son máis reais que sombras. Sae da cova e queda abraiado polo sol. Sente que fóra da cova todo é máis certo. Pregúntase de onde vén a luz e dáse conta de que a luz dá sentido ao todo. A luz representa o coñecemento e a idea do ben e da beleza.

Non obstante, Platón non asigna un valor totalmente negativo ás sombras. O camiño que sae da cova comeza xusto dende as sombras. As sombras están relacionadas con obxectos reais. Segundo Plarone, sobre todo hai as "Ideas". De "Ideas" derivan os obxectos do mundo sensible. As "Ideas" son os "Arquetipos psíquicos", é dicir, os "modelos primitivos orixinais". Os obxectos, que aparecen aos prisioneiros como sombras, teñen forma destes modelos.

Toda a filosofía de Platón ten moitas similitudes coa "teoría dos arquetipos" e a "teoría do subconsciente colectivo" desenvolvida moitos séculos despois por Carl Jung.

De Platón ao "vitalismo".

O vitalismo desenvolveuse entre os séculos XVIII e XIX, a raíz das ideas neoplatónicas e da filosofía renacentista. Segundo esta corrente de pensamento, as ideas de Platón esténdense a toda a natureza e convértense nunha parte constitutiva de cada organismo e de todo o que existe. Polo tanto, todo o cosmos está animado por un principio intelixente, a Alma do mundo. (en latín "Anima Mundi").

Este termo filosófico indica a vitalidade da natureza na súa totalidade, considerándoa semellante a un gran organismo vivo. Por iso, é o principio unificador do cosmos. Os organismos individuais toman forma del: estes, aínda que se articulan e diferencian cada un segundo as súas especificidades individuais, non obstante están unidos pola Alma universal común.

Gottfried von Leibniz atribuíu a vida e a capacidade de pensamento incluso á materia sólida inerte. Isto, por suposto, estaba en forte contraste co determinismo materialista, que nunca aceptou a posibilidade dunha unidade profunda de toda natureza.

Un gran partidario do vitalismo no século XX foi Henri-Louis Bergson (1859-1941), filósofo francés e premio Nobel de literatura en 1927. Nos seus escritos, en polémica co determinismo materialista, reafirma que a vida biolóxica non consiste no azar.

agregación de compostos químicos que se reproducen, pero é unha creación perenne e incesante.

Bergson sostén que na base de todo hai un impulso vital, que empurra o material cara a realizacións cada vez máis complexas. Este impulso expándese en diferentes direccións e con diferentes intensidades. Deste xeito explica a existencia do mundo das plantas separado do mundo dos animais. Na concepción de Bergson, as teses materialistas de mecanismo e determinismo xa non teñen sentido. A evolución concibida por Bergson parte da suposición de que nada está fixado nin determinado, pero todo é realidade en movemento. A evolución é o suxeito e o obxecto de si mesma, porque segue un proceso que ten unha única orixe. Este proceso ten lugar nun impulso continuo cara á vida, polo tanto o proceso bergsoniano representa unha evolución creativa. Neste contexto, a materia é só a culminación do desenvolvemento dun camiño específico de impulso creativo. Polo tanto, segundo Bergson, a materia é unha manifestación do espírito.

Bergson tamén condena os intentos de descubrir o misterio da vida analizando as partes individuais dun ser vivo. Neste sentido, comparte a afirmación de Mefistófeles en Fausto:

> "Para comprender e describir un ser vivo,
> moitos comezan matándoo e desmembrándoo.
> Despois só quedan na man fragmentos inertes

que, por desgraza, carecen de referencia á vida ".

Desmonta o xoguete en anacos.

O misterio da vida nunca se pode entender desmantelando un ser vivo. De feito, aos materialistas gustaríalles facelo, a imitación dun neno que desmonta o xoguete para comprender como funciona. Co xoguete pódese facer, porque o misterio de como funciona reside nalgún resorte mecánico ou nalgúns engrenaxes, polo que o misterio está situado dentro do xoguete. Non obstante, o misterio da vida non é interno á criatura biolóxica: vén do exterior, forma parte da Alma do mundo.

De Hans Driesch a Carl Jung.

Unha figura de especial interese no campo do vitalismo é a de Hans Driesch, (1867-1941) filósofo e biólogo alemán, pioneiro da investigación no campo da embrioloxía. Entre 1891 e 1900 realizou investigacións sobre ourizos na estación zoolóxica de Nápoles. Ao principio intentou explicar o desenvolvemento dos embrións baseándose en teorías mecanicistas, pero pronto tivo que recoñecer a inadecuación desas teorías. Fixo súa a hipótese dun principio de vida non material, inherente aos organismos pero procedente de fóra deles. Este principio coincide co propósito da natureza. O principio hipotetizado por Driesch é a causa do desenvolvemento evolutivo dos seres vivos, tanto como especie como como individuos individuais da especie, cada un coas súas particularidades.

Baseado nos estudos de Aristóteles, Driesch chamou a este principio "entelequia". Este termo indica unha realidade que contén en si mesmo o obxectivo final cara ao que tende a evolucionar. Aplicada a unha especie ou incluso a un único individuo, a entelequia presupón a existencia dun "lugar" onde reside esta información.

É un "lugar" externo á fisicidade do individuo. Non obstante, os individuos poden extraer información deste "lugar".

As teorías de Driesch foron particularmente fascinantes para Carl Jung. Na súa obra publicada en 1952, "A sincronicidade como principio de conexións non casuais", coa que anunciou oficialmente a súa teoría da sincronicidade co mundo, o psicólogo suízo recoñece ter sido influído desde 1925 pola lectura dos escritos de Driesch.

As reflexións de Jung sobre a sincronicidade xa comezaran en 1916, pero as primeiras formulacións explícitas da teoría remóntanse ao redor de 1925, coincidindo coas comparacións coas teorías de Driesch.

Os "graos de existencia" de Ernst Schumacher.

No seu volume "O inverno epocal. Consideracións actuais" Hanspeter Padrutt retoma e comenta unha clasificación especial formulada no século pasado por Ernst Friedrich Schumacher, sobre os diferentes graos de ser (fig. 5).

Ernst Schumacher foi un influente filósofo e economista alemán, nacido en Bonn en 1911 (fig. 4). Emigrou a Inglaterra antes da Segunda Guerra Mundial para non vivir baixo os nazis: a pesar diso, ao estalar a guerra, foi considerado un "inimigo estranxeiro" e foi internado nunha granxa illada no Reino Unido. Durante este período coñeceu ao famoso economista John Keynes. Keynes apreciou algúns dos seus traballos e obtivo a súa liberación. Deste xeito Schumacher puido contribuír á recuperación económica e financeira do goberno británico. Como resultado, Schumacher obtivo unha boa posición na Universidade de Oxford

THE SCALE OF BEING
According to Ernst Schumacher

	**Inanimate matter**	**M**
	**Plant**	**M + x**
	**Animalss**	**M + x + y**
	**Man**	**M + x + y + z**

M = Matter
X= Life
Y = **Consciousness, perception**
Z = **Self-reflection, person**

A "escaleira da existencia".
Segundo Ernst Schumacher.

Figura 5 - Segundo Ernst Schumacher, un influente filósofo e economista alemán, cada nivel de realidade implica a existencia dun nivel superior.

Cada nivel superior inclúe todos os niveis inferiores. Ao mesmo tempo, un nivel máis alto engade propiedades máis altas a niveis máis baixos.

Na parte inferior da escala atopamos materia sólida inanimada.

Subindo a escaleira atoparás plantas e animais.

Schumacher sitúa ao home no máis alto nivel.

Ernst Schumacher interesouse polos problemas da minería de carbón e deuse a coñecer pola súa crítica ás economías occidentais e as súas propostas para adoptar tecnoloxías industriais máis humanas.

En 1977 publicou "Unha guía para perplexos". Neste ensaio critica o materialismo científico e afonda na exploración da natureza e organización do coñecemento do ser. Nesta pequena "guía para vivir no mundo", Schumacher renuncia aos paradigmas da ciencia clásica.

Schumacher invita ao lector a referirse a si mesmo e tomar posesión da súa propia vida e do sentido da existencia.

Ademais de economía e filosofía, a súa gran paixón era a xardinería, que se dedicaba con paixón. Morreu en 1977 mentres viaxaba por Suíza.

Trasladou parte da súa investigación filosófica a unha táboa explicativa. Nisto observamos a súa formación como economista. De feito, Schumacher expresa a súa idea sobre os diferentes niveis de conciencia e coñecemento dun xeito inusual que recorda máis ás fórmulas matemáticas e non aos conceptos filosóficos. Sen dúbida, este método dá unha gran claridade aos conceptos.

O psicólogo e filósofo William James (presidente da Society for Psychical Research de 1894 a 1895) é coñecido pola súa afirmación:

"O que sabemos é só unha pequena
pinga no gran océano da ignorancia".

Esta observación ten dous séculos de antigüidade, pero segue sendo verdadeira e actual, especialmente hoxe en día. En 1835 Auguste Comte, un filósofo francés considerado o pai do positivismo, afirmou perentoriamente que nunca poderiamos estudar de ningún xeito a composición química das estrelas. Hoxe isto faise normalmente.

No campo científico, hoxe máis que onte, está bastante claro que sabemos moi pouco. Hai só unhas décadas críase que os átomos eran a parte máis pequena da materia e que isto non era máis divisible; en cambio, hoxe en día, seguen descubríndose novas partículas nos aceleradores e a física cuántica xera serias dúbidas sobre o que son as partículas, chegando á hipótese de que non existen en absoluto senón que só consisten en enerxía vibrante.

O horizonte do coñecemento humano vai cada vez máis alá: a teoría da relatividade acaba de trastornar as nosas certezas sobre a fixidade do tempo e do espazo e xa estamos constatando como ese universo, que criamos que coñeciamos tan ben, é descoñecido para nós. polo menos o 90%. A materia escura podería valer ata o 90% do universo. En canto á materia escura, aseméllase ao "fénix árabe" do que fala o poeta Metastasio: "che ci sia ciascun lo dice, dove sia nessun lo sa". ("Todo o mundo di que está aí, pero ninguén sabe onde está")

Cada día conquistamos un pequeno espazo de coñecemento, só para darnos conta entón de que ese espazo é unha xanela aberta a novos territorios inmensos e descoñecidos. Hoxe en día a ciencia ten centos, se non miles de fiestras abertas a panorámicas das que só existe a existencia, mentres que o contido segue sendo completamente descoñecido.

Sabemos que estamos feitos de materia. Somos unha agregación de moléculas, que á súa vez consisten en agregados de átomos, que á súa vez consisten en agregados de partículas elementais. Non obstante, que lugar ten a chispa da vida, onde reside? Onde reside a organización destas agregacións de materia? O noso corpo é un vehículo, unha máquina extremadamente eficiente; pero o condutor, onde está?

¿Todo veu do azar? Un milagre agregou a materia no noso corpo. Posteriormente, aconteceu outro milagre que deu conciencia de si mesmo a esta agregación de materia inerte?

En 1981 dous renombrados astrónomos, Fred Hoyle e Chandra Wickramasinghe, quixeron calcular a probabilidade de que a vida nacera así, por casualidade. Concluíron que habería unha probabilidade igual á dun furacán que, ao descargar a súa enerxía nun vertedoiro de metais e movelos no remuíño dos ventos, sería capaz de formar un Jumbo Jet listo para voar. Perfecto. Pero aínda que isto ocorrese milagrosamente, de onde proviría o piloto capaz de despegar en voo?

A pesar dos mellores esforzos dos materialistas, é evidente que a materia só non pode superar un certo límite. Detrás da perfección do universo debe haber unha intelixencia, unha conciencia superior que o guía todo.

A humanidade está á espera de que a ciencia se marque por fin o obxectivo de renunciar ao materialismo e buscar un nivel non material, unha "Conciencia Universal" independente do tempo e do espazo, un "Campo de enerxía e información".

A tarefa da ciencia será identificar o "Proxecto", o "Caderno de instrucións". Falamos de toda a sabedoría do universo. As nosas conciencias tiran da sabedoría universal, inconscientemente. Isto pasa agora.

A nosa conciencia individual forma parte dunha conciencia máis grande, da que extrae información e sabedoría.

Probablemente o meu corazón non saiba que forma parte dun todo máis grande, é dicir, que forma parte do meu corpo. Do mesmo xeito, eu tamén formo parte dun todo máis grande, sen sabelo. Non obstante, o conxunto máis grande do que formo parte coñéceme e coida de min.

Neste sentido, Schumacher propón na súa táboa diferentes etapas nas que unha parte do universo forma parte dun todo máis grande, aínda sen sabelo; o conxunto máis grande, á súa vez, inclúe as partes máis baixas na escala e engade algo máis (fig. 5).

O nivel máis baixo (M) é o de materia inerte que se pode pesar e medir. Forma parte do nivel superior, o do mundo vexetal. Este nivel inclúe M pero engade x, que significa toda a vida.

Polo tanto, se o nivel mineral é só M (materia) o seguinte nivel, o vexetal, é M + x, materia + vida. Pero este nivel é, á súa vez, parte dun nivel superior, o terceiro.

O terceiro nivel, relativo ao reino animal, inclúe o inferior (M + x) pero engade y, é dicir, a conciencia e a capacidade de percepción. Así, o terceiro nivel convértese en M + x + y.

Todo o terceiro nivel forma parte do cuarto, o relativo ao home. O cuarto nivel engade z, é dicir, a autoconciencia do propio "eu". Polo tanto, nos "graos de ser" o home é M + x + y + z.

Schumacher detén a súa escaleira aquí. Pero se cada paso forma parte dun paso superior, cal é o nivel superior para o home?

Por que non debería haber tamén un nivel superior, que inclúa M, x, y, z pero tamén "algo máis"?

A resposta máis natural é si. Existe o quinto nivel, o da "Conciencia Universal", que engade outro valor.

Non sabendo como chamar e definir este valor, chamámolo "infinito". O seu símbolo é ∞.

O quinto nivel da escala converteríase en M + x + y + z + ∞.

A escala dos graos de ser, así completados, fai do home parte dunha Conciencia universal que inclúe todo o universo: materia, vida, conciencia, autoconciencia, enerxía e información infinita.

Deste xeito, a parte inmaterial de nós mesmos, o noso piloto persoal, uniríase co gran piloto universal do que recibiría a patente. A nosa conciencia persoal estaría en diálogo continuo coa Conciencia universal e, finalmente, saberíamos de onde proveñen as nosas intuicións profundas, o noso coñecemento a priori, os nosos sentimentos máis nobres.

Polo tanto, saberiamos de onde procede esa parte de nós absolutamente allea á animalidade. Sairiamos da condición puramente animal, na que o materialismo querería obrigarnos.

É certo, ao longo da historia da humanidade, o home sempre creu intuitivamente en algo superior. O home chamou a esta realidade superior usando os nomes de deidades infinitas.

Certamente hai unha intelixencia cósmica, que está fóra do noso entendemento. Estamos continuamente influenciados por esta intelixencia.

Parece que o home ten unha necesidade innata de crer en algo maior. Ao cabo, incluso a convicción de que non hai nada maior segue sendo unha crenza, un acto de fe.

Soños que suxiren invencións e éxitos.

A afirmación de que as mensaxes útiles para o desenvolvemento de individuos ou incluso da humanidade derivan da Conciencia Universal está confirmada por moitas famosas personalidades das artes e da ciencia que afirman recibir a inspiración das súas creacións nun soño. A historia está chea de problemas resoltos de madrugada. Por exemplo, Friedrich Kekulé, un químico alemán cuxo nome está asociado á definición da estrutura do benceno e dos compostos aromáticos, soñaba cunha serpe que lle mordera a cola e ao espertar decatouse de que a molécula de benceno era hexagonal.

Táboa periódica de Mendeleiev.

Nos círculos científicos rusos afírmase que Dmitry Ivanovich Mendeleev chegou a determinar a composición da Táboa de elementos grazas a un soño. O famoso químico (1834-1907) quixo organizar de xeito racional os 65 elementos químicos coñecidos na súa época. Adiviñara que o modelo organizativo tiña que estar ligado ao peso atómico, pero non podía determinar a relación exacta. Segundo o químico ruso B.M. Kedrov, Mendeleev afirmou:

> "Nun soño vin unha superficie plana, onde todos os elementos estaban dispostos na orde requirida. Despois de espertar, debuxei inmediatamente ese arranxo nunha folla de papel".

Así naceu a táboa periódica que aínda hoxe coñecemos. Mendeleev observou que o arranxo visto nun soño era tan preciso que revelou que algúns elementos foran medidos con anterioridade de xeito impreciso.

O buscador de Google.

Larry Page, co-fondatore di Google, racconta che l'idea di un motore di ricerca con le caratteristiche di Google gli venne durante un sogno "vivido". Dopo averne parlato con il suo amico Sergey Brin, diedero vita assieme a Backrub, il precursore di Big G.

Paul McCartney e "Yesterday".

Paul McCartney dille ao seu biógrafo Barry Miles que unha mañá de 1965 espertou coa música na cabeza. Levantouse e tocou no piano a melodía que se convertería en "Yesterday". Hoxe esta canción nacida nos soños está no libro Guinness como a canción máis gravada..

A transmisión de sinais no cerebro.

A principios da década de 1900, os científicos creron por erro que a transmisión de sinais no cerebro se producía eléctricamente. Pola contra, un soño de Otto Loewi suxeriu a teoría exacta. Loewi foi profesor na Universidade de Graz en Austria, pero mudouse aos Estados Unidos durante o réxime nazi. Aquí deu clases na Universidade de Nova York, cidade onde morreu en 1961. Os seus estudos centráronse na farmacoloxía de substancias que actúan sobre o sistema nervioso autónomo, tanto no simpático como no parasimpático, descubrindo que os mediadores actúan no o funcionamento dos nervios e músculos son de tipo químico e non son de tipo eléctrico.

Loewi chegou a este descubrimento despois dun soño. Espertou e garabatou unhas notas nun anaco de papel. Ao espertar deuse conta de que escribira as bases da teoría que cambiaría a historia da medicina: é dicir, que a información transmítese químicamente a través de mediadores químicos activos. Grazas a este descubrimento, en 1936 Otto Loewi gañou o premio Nobel de fisioloxía.

Niels Bohr e o átomo.

Nun artigo escrito no Instituto Tecnolóxico de Massachusetts (MIT) por Edwina Portocarrero con algúns dos seus colaboradores lemos o seguinte:

«Niels Bohr (1885-1962) desenvolveu o modelo atómico baseado nun soño seu. No soño, Bohr estaba sentado no Sol mentres todos os planetas, dando voltas arredor, facían asubíos e movíanse coma nas cordas ».

De feito, o modelo atómico actual consiste nun núcleo central e unha serie de electróns que xiran ao seu redor. O artigo de Portocarrero estaba dedicado aos soños e levaba por título "Leccións sobre a almofada: interface discontinua para o recordo e reprodución dos soños".

Mary Shelley e Frankenstein.

En maio de 1816, un grupo de escritores aloxábase nun hotel en Xenebra. Entre estes escritores estaban Lord Byron, a súa amante Claire Clairmont coa súa irmá Mary Shelley e outras persoas que aman as letras. O día era chuvioso e decidiron vencer o aburrimento lendo historias de pantasmas. Byron propuxo entón compoñer eles mesmos unha historia de pantasmas: todos estaban de acordo. Mary Shelley non tiña nin idea de como comezar, pero ao longo da noite viu nun soño o momento en que o científico tolo creou Frankenstein. Á mañá seguinte púxose mans á obra escribindo a escalofriante secuela e o libro tivo tanto éxito como o coñecemos.

Que sería hoxe da literatura de terror sen Frankenstein?

"Misery non ten que morrer".

Este é un dos libros máis populares de Stephen King, do que tamén se fixo unha película. O propio autor di que a idea da trama, baseada nun fan que mantén preso ao seu escritor favorito para reescribir o final dunha historia, veu a el durante un soño nun avión.

A máquina de coser de Elias Howe.

A invención da máquina de coser atribúese a Elias Howe (1819-1867), que tivo o mérito de mellorar moito algúns proxectos existentes e de patentar a súa versión mellorada. Durante moito tempo Howe estivo atrapado co seu proxecto: de feito, Howe non sabía onde colocar o ollo da agulla.

Por este problema parouse o traballo e caía na pobreza. A súa idea orixinal era seguir a tradición e colocar o ollo da agulla no extremo superior da agulla. Non obstante, ao facelo, o fío sempre se enredaba. Nunca pensara en colocar o ollo da agulla preto da punta da agulla.

En 1845 Howe tivo un estraño soño. Algúns caníbales capturárono e apuñalárono coas lanzas. O seu ollo adestrado notou que as lanzas tiñan un burato á beira da punta. Dito e feito, aplicou esta idea ao seu invento e naceu a máquina de coser.

Os soños de Wolfgang Pauli.

O físico premio Nobel Wolfgang Pauli afirmou reiteradamente que recibiu as inspiracións nun soño, útil para a formulación das súas teorías científicas.

Un dos soños que Pauli lembrou ao longo da súa vida foi o que chamou o "Reloxo Mundial". No soño Pauli viu dúas rodas concéntricas xirando non concéntricas. Desafortunadamente, as rodas estaban conectadas por un eixo central imposible. No momento do soño, Pauli estaba a ser analizado no estudio de Jung e comprendeu que a imaxe contiña unha mensaxe para ser trasladada á súa investigación científica. Para Pauli as dúas rodas representaban a psique e a materia, que necesitaban unificarse nunha teoría científica. Por desgraza, a pesar de perseguir este obxectivo como misión de toda a vida, Pauli non foi quen de atopar o xeito de conciliar o materialismo científico coa espiritualidade. De feito, a ciencia moderna rexeita calquera referencia á psique ou ao espírito como lepra..

De Platón a Berkeley.

No mito da cova Platón suxire que todas as cousas, tal e como as vemos, non son máis que unha xigantesca ilusión, pero non chega a afirmar explícitamente que as cousas non existen. Non obstante, este concepto é enunciado varias veces no pensamento humano e convértese na columna vertebral da filosofía de George Berkeley (fig. 6). Berkeley foi un teólogo e bispo anglicano irlandés. Con John Locke e David Hume, Berkeley foi un dos tres grandes empiristas británicos. Segundo

Berkeley, os únicos obxectos do coñecemento humano son as ideas.

O que definimos como unha cousa non é máis que un conxunto de ideas. Por exemplo, unha mazá non é máis que o conxunto dunha determinada cor, un certo sabor, un certo cheiro, unha determinada forma, unha certa consistencia.

Todos os obxectos que cremos existen (porque os sentidos nos fan crer que existen) de feito non existen en absoluto: non teñen consistencia, non teñen corpo, son só ideas que, transmitidas polos sentidos no cerebro, configure dándolles unha falsa impresión de materialidade.

Non coñecemos obxectos en absoluto: só coñecemos as ideas de obxectos que os sentidos transmiten ao noso cerebro. Vivimos coma nun soño, coma os prisioneiros da cova platónica que observan as sombras crendo que son reais. Temos percepcións espazo-temporais relacionadas con presuntos obxectos que, con todo, non existen.

A árbore de Berkeley.

É útil repetir unha pregunta antiga: se unha árbore cae nun bosque e non hai ninguén ao redor, fai ruído? Esta pregunta foi proposta por George Berkeley.

Berkeley naceu en Kilkenny, Irlanda, o 12 de marzo de 1685 e morreu en Oxford o 14 de xaneiro de 1753. Licenciouse en 1707, completou os estudos universitarios de matemáticas, lóxica, literatura clásica, teoloxía e filosofía no Trinity College de Dublín.

Figura 6 - George Berkeley foi un filósofo, teólogo e bispo anglicano irlandés. Afirma que os únicos obxectos do coñecemento humano son as ideas; as cousas en si non existen, son só un conxunto de ideas.

Inmediatamente profundou no seu coñecemento dos grandes pensadores do seu tempo lendo as obras de Locke, Gassendi, Newton, Descartes, Hobbes e outros, dando así forma e dirección á evolución do seu pensamento, como para poder enunciar ao cardeal. principio da súa filosofía: o inmaterialismo.

En 1709 publicou o Ensaio dunha nova teoría da visión e o ano seguinte o Tratado sobre os principios do coñecemento humano. En 1713 tamén escribiu os Diálogos entre Hylas e Philonous.

En 1728 casou con Anne Forster, filla maior de John Forster, presidente da Cámara dos Comúns irlandesa. Beneficiado dunha evidente herdanza, o seu espírito de fervente relixioso levouno a querer marchar, xunto coa súa muller, ás novas terras de América onde pretendía exercer a actividade misioneira fundando un colexio nas Illas Bermudas.

Mentres esperaba recibir os fondos prometidos, Berkeley mudouse a América e instalouse en Rhode Island, onde naceu Henry, o seu primeiro fillo. Por desgraza, o filósofo viuse obrigado a abandonar a iniciativa porque a raíña non cumpriu a promesa de financiamento feita en primeiro lugar. De volta a Irlanda, foi nomeado bispo de Cloyne (para a Igrexa irlandesa).

O pensamento filosófico de Berkley está todo centrado no idealismo que contrasta fortemente coa "Ilustración" que asoma entre finais do século XVII e principios do XVIII. Berkeley rexeita o materialismo que dexenera en escepticismo e ateísmo. No fondo compuxo "Alcifrone", un diálogo polémico contra os libres pensadores da época.

Berkeley argumentou que os obxectos só existen como se perciben. Polo tanto, se unha árbore cae nun bosque onde ninguén presencia a caída, non fai ruído.

Dende o punto de vista do noso sentido común poderiamos obxectar que, obviamente, a árbore que cae certamente produce un ruído, porque a rotura das fibras da madeira e a colisión coas pólas doutras árbores provocan os movementos do aire propios das ondas sonoras.

Non obstante, ao parecer, a mesma ciencia interveu expresando unha opinión favorable a Berkeley. De feito, unha das revistas de divulgación científica máis antigas e prestixiosas, "Scientific American", fundada por Rufus Porter en 1845, saíu ao campo en 1884 e demostrou racionalmente que, de feito, unha árbore que cae non fai ruído, se non hai ninguén que poida escoitar o ruído.

Na práctica, segundo a revista, é certo que a caída da árbore produce vibracións no aire, pero estas só se poden detectar cun sistema auditivo que, a través das partes internas do oído, pode traducilas en sons. Polo tanto, en ausencia dun sistema auditivo capaz de detectar o ruído, este non existe. Explicación impecable.

Deste xeito, resolvemos unha pregunta que ás veces se atribúe por erro á filosofía zen: se a árbore cae cando non hai ninguén que a escoite, non fai ruído.

Volvendo a Berkeley, para reforzar a súa tese acuñou o dito "Esse est percipi" (Ser significa ser percibido). Todo o ser dun obxecto consiste en ser percibido e nada máis. É o resumo da súa teoría inmaterialista, segundo a cal as cousas non son máis que unha serie de ideas e só comezan a existir cando son percibidas.

Esta non é unha revelación especialmente sorprendente para un físico cuántico. Como veremos, a nivel de partículas elementais, estas cambian o seu comportamento se hai alguén que as observe ou non: ademais, dependendo de como se observen, poden cambiar a forma na que aparecen.

Despois de séculos de risas irónicas, as teorías de Berkeley comezan a adquirir unha consistencia firmemente unida á realidade.

Do mesmo tipo que a árbore que cae é un dilema máis tecnolóxico: se acendemos unha bombilla nunha habitación baleira, onde ninguén a pode observar, emite luz? Normalmente responderías que si; agás iso, a luz non é máis que unha percepción do sistema nervioso, polo que se non hai un sistema na sala capaz de percibir a luz, é dicir, un ollo, non hai luz. A luz comeza a existir cando alguén a pode ver: non ten unha existencia propia, só é a elaboración dun sistema visual. De feito, ao pechar o interruptor, unha forma de enerxía flúe e transfórmase noutra forma de enerxía, que non obstante descoñecemos. Adquire o aspecto da luz só cando alguén a observa.

Do mesmo xeito diriamos: a que sabe ese tentador prato que che serviron? Ninguén. A comida comezará a saberse cando a entregue ao seu padal. Por si só, o sabor é unha calidade que non está completamente relacionada coa comida que estás a comer.

Neste punto parece razoable preguntarnos se somos nós os que nos adaptamos á realidade ou se non é a realidade a que se adapta a nós.

O universo existe porque o miramos.

Volvamos ao tema da luz. Se é certo que a bombilla dunha habitación pechada non emite luz porque ninguén a pode ver, do mesmo xeito podemos dicir que, se non estiveramos alí para mirar o universo, o universo estaría escuro. As estrelas non brillarían, o propio sol non emitiría luz, se non houbese ninguén que as mirase.

Para que o universo sexa o que parece, alguén debe estar alí para miralo. Sen ollos capaces de transformar os fotóns emitidos polas estrelas en luz, o universo estaría escuro.

No segundo verso da Biblia (Xénese 1, 2) o autor comeza o relato da creación con estas palabras:

> "E Deus dixo:" Que haxa luz "e houbo luz. E Deus viu que a luz era boa e separou a luz das tebras ..."

Deus viu que a luz era boa. Despois de crealo, velo, admitiu que foi algo bo. A luz vólvese boa cando Deus a ve. Non só iso, cando Deus crea ao home, créao "á imaxe e semellanza de Deus". Deste xeito, o home tamén pode ver a luz para que a creación siga sendo unha "boa cousa" xa que é unha "cousa mirada".

A principal obxección a isto debería vir da teoría da evolución, segundo a cal todos os seres vivos derivan dun único organismo ancestral do que se desenvolvería toda a diversidade biolóxica actual e para cada ser vivo desenvolveríanse os órganos máis axeitados para garantir a súa supervivencia. Todos os órganos (mans, pernas, cola, plumas, orellas, pel, etc.) serían o resultado da mellora progresiva dos órganos preexistentes ou, en calquera caso, desenvolvidos polo devanceiro ancestral.

Polo tanto, unha aleta pode converterse nunha pata para acompañar o paso dos peixes a animais terrestres: é dicir, un órgano desenvolvido nunha condición determinada como útil para a supervivencia nesa condición, pode evolucionar cara a un órgano diferente para ser útil nunha condición diferente .. Esta teoría é crible para case todos os órganos, pero non para o ollo.

Le contraddizioni evolutive dell'occhio

Se hai un problema que atormenta aos darwinistas, é precisamente o da evolución do ollo. O propio Darwin, na súa obra "A orixe das especies", afirma de feito:

> "Supoñer que o ollo, con todos os seus mecanismos inimitables [...], podería formarse

mediante a selección natural, parece, confeso libremente, é definitivamente absurdo".

O primeiro intento aparentemente efectivo para explicar o desenvolvemento gradual do ollo remóntase a 1994: trátase do famoso traballo de Nilsson e Pelger "Unha estimación pesimista do tempo necesario para que un ollo evolucione". Segundo estes estudosos, o ollo evolucionou a partir dunha capa inicial de células sensibles á luz, grazas á cal o organismo primixenio foi capaz de dirixirse cara á fonte de luz. Isto confirma, en calquera caso, que a necesidade de ver xa era inherente ao primeiro organismo.

Posteriormente, os procesos evolutivos terían provocado o ensacado destas células fotosensibles nunha especie de pozo hemisférico; cando a cabina quedou suficientemente profunda, apareceu un diafragma estreitamento nos bordos. Finalmente, unha zona máis densa capaz de actuar como unha lente formaríase no recreo xa cheo de substancia transparente.

Desafortunadamente, a cadea evolutiva descrita nestas pasaxes non é en absoluto unha evolución gradual e continua e non se corresponde co que debería ser unha mínima modificación sucesiva da mesma característica, xa que inclúe a adición doutras estruturas orgánicas completamente independentes: un "proto". -pupilo ”e un“ protocristalino ”.

De feito, o ollo non representa a evolución dun só organismo primixenio pero require a adición de partes diferentes e sofisticadas, como lentes, músculos reguladores, células sensoriais e inervacións. Unha lente sen retina, así como unha retina sen lente, non son funcionais. Non obstante, a retina e a lente non forman parte do mesmo proceso evolutivo porque teñen diferentes calidades tisulares que implican orixes diferentes tanto no desenvolvemento embrioxenético como na evolución.

Isto, sen dúbida, confirma que o ollo é o produto dunha converxencia evolutiva de diferentes partes nunha única función integrada: polo tanto, se queremos falar de aleatoriedade, sería unha oportunidade elevada ata o enésimo grao.

En conclusión, é inconcibible que un dispositivo tan especializado como o ollo poida xurdir de desenvolvementos aleatorios, todo inicialmente sen vantaxes evolutivas específicas, que logo se integraron milagrosamente na función visual.

Podemos imaxinar o desenvolvemento dun ollo primixenio, desprovisto de retina e cristalino, só se o entendemos como un paso obrigatorio cara a unha función futura: é dicir, como parte dun proxecto que xa predixo cal sería o seu uso en épocas posteriores. Certamente non unha evolución cega, senón un proxecto guiado e axudado por unha intelixencia universal.

Cando as cousas non son o que parecen.

Un ser humano forma parte dun todo que chamamos "universo", unha parte limitada no tempo e no espazo. Experimenta a si mesmo, os pensamentos e os sentimentos como algo separado do resto, no que é unha especie de ilusión óptica da conciencia.
Esta ilusión é unha especie de prisión que nos limita aos nosos desexos persoais e agarimo polas poucas persoas máis próximas. A nosa tarefa é liberarnos desta prisión, ampliando a nosa compaixón en centros concéntricos para abrazar a todas as criaturas vivas e toda a natureza na súa beleza.
(Albert Einstein, físico, premio Nobel)

O estraño caso dos dous presidentes.

Nos últimos tempos está moi de moda, na prensa de cotilleos, buscar as estrañas coincidencias que unen aos famosos. En particular, a busca de feitos, acontecementos e circunstancias que ven a Kate Middleton e Charlene de Mónaco como protagonistas está tola.

As coincidencias son numerosas, pero non parecen especialmente significativas. Por exemplo, hai moitas evidencias de que Kate e Charlene non teñen sangue azul. Ambos naceron en xaneiro, Kate o 9 e Charlene o 25. Aínda no que atinxe ás datas, Kate e Charlene casáronse en 2011.

Desde un punto de vista máis persoal, as dúas nobres son deportivas e adoran asistir a calquera tipo de competición, participando en varias disciplinas. Ademais, ambos teñen que tratar con dúas sogras bastante "voluminosas", Lady Diana por Kate e Grace Kelly por Charlene.

Certamente, a narración das coincidencias que unen a dous dos presidentes máis famosos dos Estados Unidos é máis intrigante. Falamos de John Fitgerald Kennedy (fig. 7) e Abraham Lincoln (fig. 8). As coincidencias máis relevantes están relacionadas coa modalidade da súa morte. De feito, ambos presidentes morreron en circunstancias moi similares, Lincoln o 14 de abril de 1865 e Kennedy o 22 de novembro de 1963. Aquí están algunhas das coincidencias máis notorias con respecto ao seu asasinato:

- Os dous morreron o venres, cun disparo na cabeza.
- Ambos tiveron á súa muller á beira, que non foi golpeada.

Kennedy morreu nunha limusina Ford Lincoln Continental; Lincoln mentres asistía ao espectáculo "Our American Cousins", no teatro Ford de Washington.

- No momento do ataque, Lincoln e Kennedy estaban acompañados por unha parella: nos dous casos o home, que estaba xunto ao presidente, resultou ferido.
- Os dous asasinos (John Wilkes Booth por Lincoln e Lee Harvey Oswald por Kennedy) tiñan tres nomes para un total de quince letras.
- Ambos asasinos morreron en circunstancias pouco claras antes de ser xulgados. As súas mortes producíronse máis ou menos "á mesma hora do día" que as súas vítimas. Ambos morreron por feridas de bala.

Despois hai coincidencias relativas á vida privada ou á carreira política.

- Ambos tiñan un apelido de sete letras, e foran bautizados co mesmo nome que os seus respectivos avós. Ademais, ambos eran segundos nas súas propias familias.

- Ambos loitaran na guerra; Lincoln na Guerra Black Hawk e Kennedy na Segunda Guerra Mundial.
- Ambos perderon un fillo durante o seu mandato presidencial. Lincoln perdeu a William Wallace e Kennedy perdeu a Patrick Buovier.
- Ambos tiñan catro fillos no momento da súa morte.
- Ambos foron elixidos para o Congreso por primeira vez en 1946; así mesmo en 1956 foron candidatos á vicepresidencia, pero non foron elixidos porque o seu partido perdeu as eleccións.
- Ambos estaban implicados na defensa dos dereitos da poboación negra, Lincoln en relación coa abolición da escravitude e Kennedy na promoción dos dereitos civís.
- Ambos foron sucedidos por un vicepresidente chamado Johnson: Andrew Johnson por Lincoln e Lyndon Johnson por Kennedy.

Figura 7 - Unha incrible serie de coincidencias vincula a dous dos presidentes máis famosos dos Estados Unidos, Abraham Lincoln e John Fitgerald Kennedy, ambos vítimas de atentados.

Por se fose pouco, quen queira poderá atopar outras centos de coincidencias que unen a vida dos dous presidentes, consultando o sitio (en inglés): https://www.near-death.com/

As explicacións dos escépticos.

Mentres que a metade do mundo se esforza por estudar casos coma estes para engadir máis coincidencias á lista, a outra metade esfórzase en demostrar que algunhas das coincidencias presentadas serían falsas e tentarían utilizar algunhas inexactitudes para negalo todo.

Despois hai algunhas obxeccións xerais que son boas para calquera ocasión, como a de que non é tan difícil atopar coincidencias entre dous feitos escollidos ao chou, se un vai examinar todos os detalles.

Segundo a lei dos grandes números, se a vida e obra de dúas persoas famosas se avalían en detalle, non é difícil construír unha lista de coincidencias. Se, por exemplo, nos referimos a Masaniello e ao xeneral Lamarmora, é probable que a ambos lles gustase a pizza napolitana e os dous levasen unha talla de 44 pés, pero non sei que outras coincidencias verdadeiramente significativas se puideron atopar.

Figura 8 - Abraham Lincoln, vítima dun intento de asasinato o 14 de abril de 1865. Moitas circunstancias da súa vida e morte coinciden incriblemente con outras similares nas que interveñen o presidente John Kennedy.

O engano dos sentidos.

Pero por que a ciencia ofrece tanta resistencia ao paranormal? De feito, a ciencia occidental leva varios séculos da súa vida sen crelo, e agora que comezan a aparecer fendas nesta granítica certeza, déixase levar polo hábito. En efecto, é difícil renunciar ás comodidades, aos postos consolidados, ás carreiras construídas sobre a afirmación do materialismo.

Ademais, nós mesmos, que somos a auga sobre a que planea o barco da ciencia, somos tan adictos a estas posturas que as damos por descontadas, a pesar de que cada día temos que lidiar co paranormal ou con percepcións extrasensoriais. Agora estamos afeitos a crer só no que se pode tocar, pesar e medir, polo que nin a evidencia pode erradicar da nosa mentalidade os dogmas do materialismo.

Na ansiedade de darlle importancia só ao tanxible (quizais porque só se pode monetizar a materia) esquecemos que, na maioría dos casos, as cousas máis importantes non se poden ter na man para transformalas en diñeiro.

A fonte principal do noso benestar son os pensamentos, os estados de ánimo positivos, os sentimentos e todas as actividades relacionadas co espírito ou a psique que conseguen darlle sentidos e motivacións profundas á nosa existencia ou, pola contra, logran que pareza inútil e sen ningún tipo de utilidade. futuro.

Os feitos que acontecen ao noso redor están configurados pola nosa forma de interpretalos, polo noso optimismo ou o noso pesimismo, polo noso gradiente de confianza e esperanza ou o de desesperación. Non hai realidade obxectiva ao noso redor, as cousas non son así en ningún caso, senón que cambian segundo a nosa clave de interpretación, é dicir a través do filtro da nosa conciencia e da nosa razón.

Neste sentido, o que percibimos cos cinco sentidos, é dicir, a realidade sensorial, é sempre o resultado dun procesamento extrasensorial.

Dicir que as habilidades extrasensoriais non existen é como considerarnos veletas expostas a cada vento que pasa, sen posibilidade de resistencia.

En cambio, precisamente grazas ás capacidades extrasensoriais que non se poden medir e sopesar pero que certamente existen, como a valentía, a visión optimista do futuro, a conciencia de que a vida está feita de altibaixos e que a cada baixo sempre segue naturalmente un ascendente. , a confianza en nós mesmos e quizais tamén no próximo, a piedade e a bondade, polo tanto a capacidade de axudar e ser axudado, todo isto fai que os mastros dos nosos veletas sexan sólidos coma rochas. Calquera vento pode soprar canto queira, sen que nunca poida arrincar estas crenzas.

O que percibimos cos nosos cinco sentidos, nos tempos de tormenta e nos tempos de calma, é sempre unha verdade mediada e mediable.

Isto é válido non só a nivel psicolóxico, senón tamén a nivel práctico. Os nosos sentidos, que nos parecen tan perfectos, están deseñados para conseguir o máximo aforro. Só serven para darnos a axuda necesaria para movernos e operar no medio sen sufrir danos.

Por exemplo, o noso oído é capaz de captar sons moi baixos (uns 30 hercios de frecuencia) ata os moi agudos, duns 10-15.000 hercios de frecuencia. Non obstante, hai unha variedade infinita de sons fóra deste rango. Desafortunadamente, os nosos oídos non poden percibir estes sons. Por exemplo, os ultrasóns, comúnmente escoitados por moitas das nosas mascotas. Por que só escoitamos frecuencias de 30 a 15.000 Hertz, e non as máis altas ou máis baixas? Simples, porque non serían útiles para a nosa supervivencia.

As frecuencias audibles máis baixas poden sinalar o rebumbio dunha avalancha que se achega, e as frecuencias audibles máis altas poden sinalar o asubío dunha serpe. Non necesitamos nada máis para sobrevivir.

Obrigados polos límites da audición, situamos toda a divindade dunha arte como é a música dentro deste abano de frecuencias, e nin sequera imaxinamos que sinfonías poderiamos compoñer (pero sobre todo escoitar) se o abano fose máis amplo. Para nós, toda música limítase á estreiteza miserable do que perciben os nosos oídos, de 30 a 15.000 hercios. Nin sequera concibimos a existencia de harmonías incriblemente máis elaboradas e atractivas. Para nós, non pode haber outra música que a que poden escoitar os nosos oídos.

Non cremos que haxa un concerto da madeira en crecemento, un minueto da flor que florece ou a escura sinfonía dunha rocha que xeme durante anos mentres está a piques de romper a ladeira da montaña.

Compensamos estas carencias pegando bandas sonoras falsas nos documentais, adecuadas para o noso alcance auditivo; obviamente, eses non son os sons reais.

Despois, cando nos falan de chamáns que conseguen viaxar por estes mundos e escoitar estes sons, estas voces ocultas da natureza, non os cremos e xulgamos tolos aos que nos din.

Os nosos sentidos non están feitos para achegarnos ao universo senón, moito máis prosaicamente, para evitar que batamos os dedos dos pés cando camiñamos ou que nos metamos comida quente na boca cando comemos ou que nos pelemos con algunha criatura demasiado colorida. ou demasiado espinoso para non notar.ser velenoso.

Os nosos sentidos seguen sendo os do Home de Neandertal, mentres que agora evolucionamos moito máis alá da etapa de Sapiens sapiens, agora somos Homo ciberneticus. Necesitamos desenvolver novos sentidos, adaptados á nosa nova etapa evolutiva.

Obxectividade e subxectividade.

O que cremos determina a calidade da nosa vida.

Podemos escoller entre obxectividade e subxectividade.

A obxectividade implica necesariamente a nosa imposibilidade de intervir sobre as cousas que nos rodean. As cousas son así, gústalles ou non. Desde un punto de vista obxectivo todo se forma e sucede externamente a nós mesmos e envólvenos sen posibilidade de fuga. Somos xoguetes mecánicos que seguimos repetindo a tarefa programada marchando e batendo a pandeireta tanto ao sol como á choiva, mentres ineludiblemente o sol esvaece as nosas cores e a choiva enferruxe as nosas marchas.

Pola contra, a subxectividade fainos capaces de comprender e aceptar as cousas mediando nelas: é unha rede que tecemos e pola que filtramos a realidade. A subxectividade proporciona ferramentas poderosas e eficaces para contrarrestar ou apoiar o que a vida nos ofrece.

Afrontar a vida desde un punto de vista subxectivo significa liberarse das imposicións dun destino masificador e construír un destino persoal, mediatizado, coloreado por diferentes oportunidades para cada un.

Unha vida vivida subxectivamente xa non é medible e ponderable no laboratorio, porque as medidas estándar xa non son válidas; cada un establece os seus propios valores que, polo tanto, escapan á verificación de observadores externos. Xa non son comprobables no laboratorio, pero son reais para todos no seu corazón, no sangue, na barriga, na pel e sobre todo na alma.

O amor, a fidelidade, a xenerosidade, a amizade, a confianza nun mesmo e nos demais son realidades non obxectivas sobre as que modelamos a nosa vida.

Xa que logo, hai unha realidade que vai moito máis alá dos cinco sentidos, e que nos permite abandonar as dimensións das máquinas para converternos en seres humanos, o que somos.

A vitoria da subxectividade representa a derrota do materialismo e a redución dos cinco sentidos que xa non son indicadores de verdade absoluta, senón simples axudas útiles para situar a nosa existencia no universo sensible. No universo obxectivo, o da física newtoniana, baseado nas tres dimensións clásicas máis o tempo, os cinco sentidos axúdannos dun xeito verdadeiramente exemplar. Porén, cando consideramos a existencia de universos psíquicos, libres de materia, onde prevalecen diferentes percepcións relacionadas co pensamento e a alma, damos conta de que os cinco sentidos xa non nos axudan, ao contrario, moitas veces nos enganan.

Nos últimos séculos, o materialismo encomendou aos cinco sentidos a tarefa de representar absolutamente todas as experiencias humanas posibles. En realidade, a propia ciencia materialista atopouse en dificultades ante o que hoxe chamamos fenómenos relacionados coa materia, como o magnetismo e a electricidade.

Un dos sentidos máis enganosos, cando queremos utilizalo para fins distintos dos para os que foi desenvolvido, é dicir, a supervivencia, é a vista. A vista procesa obxectos e seres vivos como formas, que se memorizan para que nos permitan recoñecelos durante os encontros posteriores.

Figura 9 - A figura de Rubin reproducida anteriormente pode ter dous significados distintos, segundo a interpretación subxectiva do observador.

Non se trata dunha memorización precisa, porque somos capaces de recoñecer o rostro dunha persoa aínda que os seus personaxes cambiaran moito, despois de decenas de anos. Pola contra, lembramos con moita dificultade que paisaxe había ao fondo ou que coches e persoas pasaban pola estrada detrás dela. E aínda así, "vimos" todo.

Psicoloxía de formas.

Entre os séculos XIX e XX, a psicoloxía experimental dedicou moita enerxía a investigar os mecanismos a través dos cales nos relacionamos coa realidade externa.

A base da investigación parte normalmente da consideración de que todo o que percibimos cos sentidos non cobra a mesma importancia na elaboración que facemos dela. Escoitando unha conversa normalmente "filtramos" de todo ruído de fondo. Observando unha escena concentrámonos no feito esencial mentres descoidamos os contornos.

Noutras palabras, somos capaces de asignar unha xerarquía aos acontecementos observados, é dicir, establecer o que nos interesa e o que non, co fin de fortalecer a comprensión dunha parte do cadro observado mentres descoidamos o resto.

A nosa percepción do que está a suceder ao noso redor nunca é a reprodución exacta da realidade. Isto significa que o noso coñecemento do mundo nunca se fai integral, porque non rexistramos fielmente todo o que acontece na nosa mente, senón só o que nos interesa.

Todos os estímulos percibidos divídense inmediatamente en "interesantes" ou non, de xeito que a maioría desbotan e perden para sempre.

A imaxe de Rubin, proposta na figura 9, pódese interpretar de dúas maneiras. Pódese ver, no centro, a forma dunha copa, ou, nos laterais, dous perfís humanos. Mediante unha rápida observación, os nosos sentidos rexistran un dos dous significados, pero será o que corresponde á realidade? Cantos outros cadros "equívocos" percibimos coa vista dende a realidade que nos rodea?

A pregunta é: quen decide o que nos interesa, e quen decide que descartar e que, pola contra, conservar?

Con referencia a estes aspectos da percepción humana, algúns investigadores como o psicólogo checo Max Wertheimer e os alemáns Wolfgang Köhler e Kurt Koffka iniciaron unha liña de estudos á que deron o nome de Psicoloxía da Forma (Gestaltpsychologie, ou psicoloxía da Gestalt).

Estes estudos tiñan como obxectivo comprender os principios segundo os cales algúns elementos percibidos se agregan pasando a compoñer unha "forma" que emerxe nun segundo plano, ignorando outros elementos que, aínda que están presentes na percepción, se consideran irrelevantes, como se eles mesmos non formasen parte de o percibido, ligado ao pensamento e á alma, entón decatámonos de que os cinco sentidos xa non nos axudan, ao contrario, moitas veces nos enganan.

Koffka defendeu que hai cousas e "non cousas": as cousas sitúanse nun escenario de "non cousas".

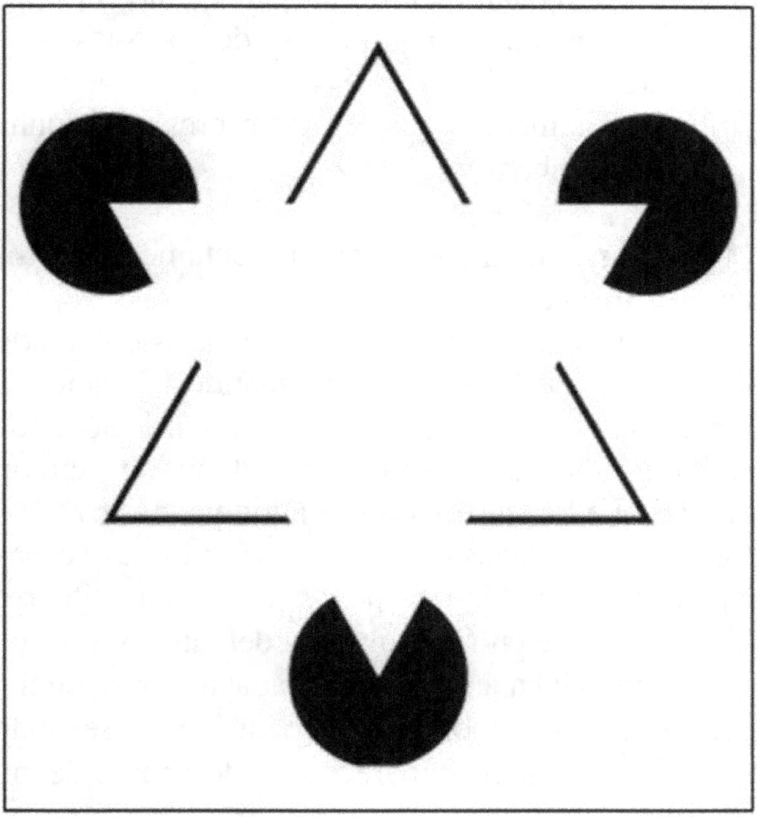

Figura 10 - Na figura de Kanizsa mostrada arriba, un triángulo branco é perfectamente visible no centro. Isto, porén, non está debuxado de ningún xeito, e só se pode imaxinar tendo en conta a complexidade do debuxo.

A imaxe da Mona Lisa xorde sobre o fondo dunha paisaxe que na súa maioría só interesa aos críticos de arte. En cambio, millóns de persoas que observaron o cadro, despois dun certo período, lembran vagamente como moito a presenza dunha ponte (ou é unha torre?).

Normalmente ninguén lembra exactamente cantos cipreses son visibles ao fondo.

En realidade, o hábito de relacionarnos co mundo exterior a través dos cinco sentidos lévanos a transformar toda a realidade en cousas: non por nada adoitamos dicir do mesmo xeito ante un obxecto ou un feito que facemos. non entendo: que é isto*?*

Para ser aceptadas polos nosos sentidos, as cousas deben ter tamaño e peso, e deben situarse adecuadamente en relación coas demais cousas que as rodean. Unha cadeira colocada a carón dunha mesa é algo que non nos preocupa, xa que pode ocorrer se a cadeira aparecese e desaparecese ou flotase no aire.

Isto é certo sempre que observemos a escena analizándoa minuciosamente e polo miúdo, é dicir, impoñéndonos unha análise completa da situación.

Este non adoita ser o caso. Os nosos sentidos son moito máis rápidos, e deben selo xa que as escenas son como ríos fluídos, poden cambiar na orde de fraccións de segundo.

Polo tanto, os sentidos nunca analizan completamente toda a situación senón que só extraen os elementos esenciais e isto, na maioría dos casos, é enganoso e arbitrario.

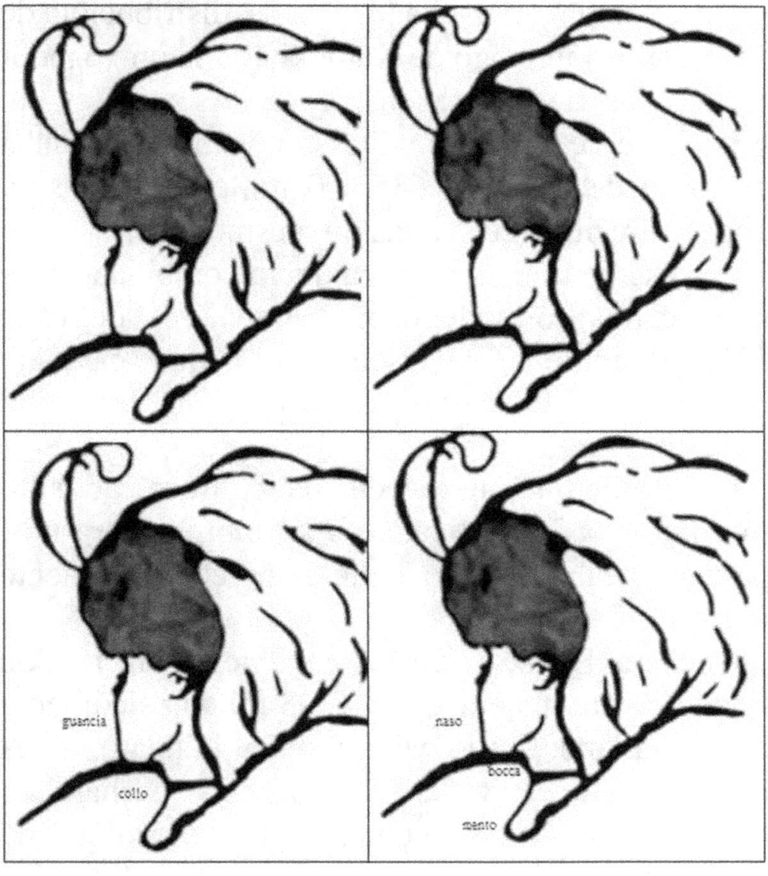

Figura 11 - Esta figura é descifrable con maior dificultade, e mostra o rostro dunha muller nova ou, alternativamente, o perfil dunha vella.

Un exemplo moi citado é o da distribución de trece cartas nun xogo de Kalooki 40. Se un xogador recibise os trece corazóns, desde As ata Rei, un gritaría case milagre. De feito, só hai unha posibilidade de entre 635.000 millóns de que un xogador reciba trece cartas do mesmo palo.

Pero se pensamos niso, calquera combinación de trece cartas só pode ocorrer unha vez de cada 635.000 millóns de veces, polo que calquera distribución de cartas representa un pequeno milagre.

O feito de que un xogador reciba trece cartas do mesmo palo é significativo e asombroso para nós, pero en realidade isto é un feito completamente normal.

Gaetano Kanizsa , nado en Trieste en 1913 e finado na mesma cidade en 1993 foi un psicólogo e pintor italiano. O seu pai era xudeu húngaro, a súa nai católica eslovena. Despois do bacharelato matriculouse na facultade de filosofía da Universidade de Padua, onde Cesare Musatti o introduciu na psicoloxía. Golpeado polas leis raciais, foi privado da cidadanía italiana. Tras o armisticio de Cassibile fuxiu a Roma, onde se lle concedeu un posto de investigador no Instituto de Psicoloxía do CNR.

A figura 10 mostra claramente un triángulo branco. Isto, porén, non está debuxado de ningún xeito, e só se pode imaxinar tendo en conta a complexidade do debuxo. Aínda que non está alí, chama moito máis a atención que outras figuras xeométricas. Non só iso, o seu interior parécenos máis "branco" que o branco que contén o resto da imaxe. A imaxe confirma como os nosos sentidos son capaces de facernos ver cousas que non existen.

A figura 11 é descifrable con maior dificultade, e amosa o rostro dunha muller nova ou, alternativamente, o perfil dunha señora de idade avanzada. É moi difícil captar ambos significados sen coñecer a súa existencia. Pero os nosos sentidos non están conectados para analizar con precisión o constante bombardeo de estímulos que reciben. Polo tanto, os sentidos rexistrarán un dos dous significados da figura, ignorando a existencia do outro. Pero estamos seguros de que gravarán a que mellor se corresponda coa realidade? Nun 50% dos casos, ante unha representación deste tipo, os nosos sentidos enganaranos. Probablemente rexistrarán o significado máis próximo ao que esperaríamos, é dicir, serán "compatibles" coa nosa bagaxe cultural adquirida. Isto quere dicir que, normalmente, calquera estímulo intelectual quedará de lado a favor da conservación e fortalecemento do existente.

Unha suposición da psicoloxía da Gestalt é que os nosos sentidos perciben e organizan as percepcións ao longo dunhas liñas privilexiadas, misteriosas pero sólidamente operativas.

Os estudos de Koffka identificaron principios organizativos das percepcións.

Entre estas as principais son a semellanza, a simetría, a proximidade ou a distancia, e outras.

Por exemplo, unha serie de pitidos rápidos interprétanse como un sinal de perigo; dous cans pastores nun rabaño de ovellas son sinalados como parella distinta do resto das figuras; unha serie de tres puntos negros moi espaciados, máis outros tres próximos entre si pero lixeiramente distantes dos primeiros, non se interpreta como un conxunto de seis puntos senón como dous conxuntos de tres.

Un principio especialmente interesante é o da proximidade temporal. Tendemos a organizar as percepcións e sinais que recibimos do exterior tamén segundo a conexión temporal que as une. Outro criterio importante é o sentido. Hai percepcións que saltan aos nosos ollos como farois na noite, por como se distribúen no tempo e polo sentido, o significado que nos inspiran.

Pero aquí entramos noutro campo, o das coincidencias significativas.

Coincidencias, subconsciente colectivo, sincronicidade.

"O que sabemos de nós mesmos é só unha parte, e quizais unha parte moi pequena, do que somos sen o noso coñecemento".
(Luigi Pirandello, dramaturgo, escritor e poeta italiano)

Máis potente que os ordenadores máis potentes.

No capítulo anterior vimos como os nosos sentidos exploran unha inmensa cantidade de datos, que non chegan á nosa conciencia tal e como son detectados. Os datos son tratados segundo procedementos capaces de extraer da masa os de maior interese para nós. Posteriormente, os datos interesantes almacénanse segundo esquemas de alto contido simbólico. Isto permítenos recoñecer unha cara moitos anos despois de que a vimos por última vez. Na práctica, non memorizamos o rostro tal e como é, senón unha forma do rostro, unhas referencias que, anos despois, se poden remontar ao orixinal.

É coma se un determinado software, que reside na nosa conciencia, manipulase a realidade espida tal e como se lle aparece aos sentidos, transformándoa en formas ou conceptos absolutamente flexibles, que poden ser adaptados e reutilizados segundo sexa necesario. Isto permite categorizar como "cadeira" calquera obxecto equipado cunha ou varias patas e unha superficie horizontal apta para acomodar a zona lumbar.

O recoñecemento de cheiros é unha función moi poderosa. Despois de décadas somos quen de recoñecelo e reconstruír inmediatamente a escena na que a percibimos por primeira vez. Por exemplo, o cheiro das algas varadas lévanos de inmediato á viaxe escolar que fixeron os rapaces a unha cidade costeira.

O recoñecemento facial é unha das funcións privilexiadas do noso software persoal. Sexa cal sexa o estraño panorama ao que nos enfrontemos, inmediatamente somos capaces de identificar a posible forma dunha cara na disposición de obxectos e elementos. Recoñecemos facilmente as caras nas formacións de nubes, ou nas estribacións rochosas ou mesmo nos puntos húmidos das antigas murallas.

Na práctica, todo estímulo procedente directamente dos sentidos é procesado polo software que reside na nosa conciencia e transfórmase para facelo utilizable en situacións posteriores; é polo tanto un software de aprendizaxe e memorización, cuxa principal característica é que está equipado cun potente algoritmo de recuperación.

Nos primeiros tempos da informática, todo estudante que pretendía escribir pequenos programas enfrontábase ao problema de almacenar e recuperar datos. Por exemplo, querendo escribir un pequeno programa capaz de indicar a capital dunha nación, o estudante creou un ficheiro de dúas columnas que contén os pares nación-capital (Italia - Roma, Francia - París, España - Madrid, etc.).

Ao proporcionar o nome da nación (España) como entrada ao ordenador, a máquina percorreu todo o ficheiro ata atopar o par que contén España e imprimiu o resultado na pantalla: Madrid.

A isto chamábase acceso secuencial e podía funcionar ata que os pares de datos superaran uns poucos miles, despois de que o sistema volveuse demasiado lento para ser realmente útil.

Hoxe vivimos na era dos buscadores, capaces de examinar miles de millóns de datos. Por suposto, a busca xa non é secuencial. Os buscadores teñen algoritmos moi sofisticados capaces de extraer información en tempos da orde de milisegundos.

Podes escribir "enredamento" na liña de busca de Google, e verás que en 0,36 segundos indicará que hai aproximadamente 9.700.000 resultados (busca en maio de 2018).

Ben, moito antes de que o home desenvolvese estes algoritmos, algo semellante se non máis sofisticado xa estaba presente na mente humana. Os nosos algoritmos mentais son capaces de extraer información útil para a nosa vida diaria en milisegundos extraendo dunha masa de miles de millóns de millóns de megabytes adquiridos ao longo dos anos polos nosos sentidos. Pero non só indicarán cantas referencias existen: seleccionarán de inmediato as máis útiles para nós nese momento. É unha organización marabillosa e sorprendentemente eficaz. É posible que isto non sexa máis que froito dos distintos intentos, fracasos e reintentos da evolución, como quererían argumentar as teses materialistas? As dúbidas son lexítimas.

Funciona só con estímulos sinxelos?

Neste punto temos que preguntarnos se o noso software só funciona como o vimos ata agora, procesando sen o noso coñecemento os estímulos recibidos dos sentidos, descartando ou escollendo segundo criterios misteriosos as formas interesantes para manter e xestionar esta masa de datos sen ningunha intervención da nosa parte. Ou se non podemos hipotetizar a posibilidade da nosa implicación activa.

Temos que partir dunha suposición. Se o noso software é capaz de discernir o que pode ser útil e o que non, necesariamente debe estar dotado non só de intelixencia, senón tamén de capacidade de discernimento. É dicir, debe saber o que nos será útil no futuro, polo tanto debe ter unha visión da nosa existencia que vaia máis alá da experiencia do pasado e do presente, pero que tamén se estenda ao futuro, a aquelas circunstancias e ocasións que aínda non se produciron, pero son precisamente aquelas para as que constrúe as formas e as arquiva.

É dicir, as elaboracións do noso software serviranos no futuro. Polo tanto, o noso software debería coñecer o noso futuro para procesar a información actual dun xeito útil.

Se isto é certo, e certamente o é, entón podemos abandonar o concepto de software, porque o software non é máis que un programa construído para realizar determinadas accións. Por máis intelixente que sexa unha peza de software, nunca será máis intelixente que o programador que o creou.

Un software capaz de coñecer o pasado e o futuro vai máis aló das capacidades humanas. O que opera na nosa conciencia non é un software intelixente, nin un software desenvolvido por casualidade durante as vicisitudes evolutivas da especie. É unha

Intelixencia, ou máis ben unha Sabedoría preexistente, que podemos definir como Intelixencia Universal.

A Intelixencia Universal coñece o noso pasado, presente e futuro porque existe nunha dimensión diferente á que estamos acostumados a vivir, constituída por materia sometida ás regras da física newtoniana (gravidade, tempo, etc.).

O nivel de Intelixencia Universal debe ser puramente psíquico; é un nivel feito de enerxía e información, no que a materia está ausente.

É posible que exista tal nivel? Certamente si, como veremos nos seguintes capítulos. A física cuántica revelou e confirmou experimentalmente a existencia deste nivel.

Certamente a física cuántica non confirmou de ningún xeito a existencia dunha Intelixencia Universal, pero gústanos imaxinar que a existe, senón toda unha serie de fenómenos non se poderían explicar de ningún xeito, incluíndo as cousas xa ditas sobre o almacenamento intelixente de formas. reelaborado a partir das percepcións brutas dos nosos sentidos.

A peculiaridade desta Intelixencia é a súa capacidade para establecer unha especie de interactividade coas nosas conciencias. Ademais do papel practicamente automático de construír e memorizar as formas útiles para a nosa supervivencia, a Intelixencia constrúe instrucións e indicacións de vida. Ademais, Universal Intelligence constrúe propostas dirixidas ao cambio, á corrección, moitas veces simplemente a mellorar a nosa relación coa realidade. Estas propostas son formas de comunicación que foron estudadas durante décadas polo psicólogo suízo Carl Jung, que denominou coincidencias significativas, ou sincronicidades.

Os principios de organización das nosas percepcións, xestionados polo que chamamos Intelixencia Universal, non se aplican só á realidade percibida instante a instante, entendida como unha sucesión de fenómenos distintos, senón tamén á percepción de feitos, fenómenos e coincidencias que normalmente parecen. carentes de calquera relación ou conexión entre eles. Ás veces estas percepcións. emerxen de forma totalmente espontánea, na nosa conciencia Vemos xurdir conexións lóxicas e intuicións que dan sentido a estas coincidencias e as fan significativas para a nosa comprensión.

Podemos dicir que a Intelixencia constrúenos sincronismos e fainos capaces de intuír a mensaxe que alí se oculta. Isto é posible cando apreciamos a eventualidade e a presenza de sincronicidades, evitando considerar meros acontecementos fortuítos.

O reloxo que se detén no momento da morte do seu propietario constitúe unha coincidencia significativa, pola simultaneidade dos dous acontecementos; non sería así se o reloxo se detivese dous días máis tarde ou antes.

Así mesmo, coñecer un coñecido do pasado, despois de soñar con el a noite anterior, considérase unha coincidencia significativa.

Carl Gustav Jung

Carl Gustav Jung foi unha das principais figuras intelectuais do pensamento psicolóxico e psicoanalítico, psiquiatra, psicanalista, antropólogo e filósofo suízo (fig. 12).

Naceu o 26 de xullo de 1875 en Kesswil, Suíza, fillo de Paul Achilles Jung, pastor e teólogo protestante, e de Emilie Preiswerk. Licenciouse en medicina e en 1900 foi traballar ao psiquiátrico de Zúric.

Inicialmente estivo preto do pensamento de Sigmund Freud, coincidindo coas súas interpretacións dos fenómenos psíquicos. Os dous coñecéronse en Viena en 1907, e nesa ocasión conversaron durante trece horas.

Como resultado desta colaboración, Jung comezou a ser chamado o "golfiño" da psicanálise, e era de esperar que sucedese a Freud á fronte do movemento psicanalítico.

Disensións e ruptura con Sigmund Freud.

En cambio, despois de só un par de anos deron os primeiros indicios dos seus desacordos, dos que naceron as dúas principais orientacións históricas da psicanálise, entendida por Freud como unha terapia e por Jung como unha forma de entender a psique.

Esta dobre visión consolidouse rapidamente, tanto que, xa en 1909, a Universidade de Clark, tendo previsto un ciclo de conferencias nos Estados Unidos, convidou a ambos.

Durante a viaxe en barco, os dous científicos decidiron practicar a análise dos soños do outro. Porén, Jung non estaba satisfeito coa colaboración de Freud porque, na súa opinión, Freid trataba de ocultar algúns aspectos da súa vida privada que serían indispensables para unha mellor análise.

Cando Jung expresou esta perplexidade, Freud non o negou, pero afirmou que a razón da súa reticencia residía no feito de que non podía divulgar aspectos da súa propia personalidade que puxesen en perigo a súa autoridade. A partir deste episodio a estima de Jung por Freud comezou a esmorecer e tamén o seu aprecio polas súas teorías.

A isto sumouse o afondamento dun itinerario de diferenciación conceptual bastante atormentado. Este camiño alcanzou o seu apoxeo cando, en 1912, Jung decidiu publicar a súa obra (Libido. Símbolos e transformacións) na que expuxo todas as súas discrepancias teóricas.

Neste libro Jung manifesta a súa orientación, dirixida a estender a investigación analítica dende a historia do individuo ata a globalidade da humanidade: de feito, segundo Jung, ademais dun inconsciente individual hai un inconsciente colectivo, que manifesta a súa presenza e actúa. a través dos arquetipos.

Nesta visión, a vida do individuo convértese nun camiño polo que se realiza a realización do Eu persoal. Jung chama a este proceso "proceso de descubrimento".

Despois da publicación deste libro, a súa relación con Freud rompeu. Comentando o pensamento de Freud, Jung dixo: "O cerebro é visto como un apéndice dos xenitais."

En canto ao contido das dúas interpretacións, e á súa diferenciación, hai que admitir que Jung compartiu inicialmente con Freud o xuízo sobre a enfermidade mental. Segundo estas hipóteses, a comprensión das enfermidades require o coñecemento da historia individual do paciente e dos "procesos de represión" relativos a contidos de carácter exclusivamente sexual.

Máis tarde, porén, Jung formulou a hipótese de que os fenómenos da psique non son os descritos por Freud. Segundo a nova teoría de Jung, eses fenómenos eran manifestacións dunha enerxía presente na natureza, a libido.

Figura 12 - Carl Gustav Jung. O seu pensamento postula que, ademais dun "inconsciente individual", existe un "inconsciente colectivo" que se expresa a través dos arquetipos. A vida do individuo é vista como un camiño, chamado "proceso de individualización".

A libido e os símbolos.

A libido é unha sorte de impulso vital, unha pulsión que ten como obxectivo dinámica a vida e a conservación da especie.

Polo tanto, en terapia psicolóxica non é necesario ter en conta só o compoñente biolóxico. Este sería un enfoque pesimista. Pola contra, tamén hai que ter en conta o compoñente espiritual. Este compoñente dálle ao individuo unha tensión saudable dirixida á realización da mellora.

Segundo Jung, os impulsos da libido tamén poden desviarse cara a conceptos e ambicións inmateriais e, polo tanto, poden xerar unha evolución espiritual. A enfermidade mental prodúcese cando se bloquea este proceso evolutivo; nestas condicións xorden neuroses. A libido funciona producindo símbolos. Grazas a iso, o home primitivo puido trasladar os seus impulsos inmediatos orientándoos cara á creatividade, iniciando así o paso do nivel animal instintivo ao cultural.

Os símbolos da libido teñen contidos que van máis alá da conciencia individual e poden axudar a transformar a natureza do home.

Algúns destes símbolos son universais, comúns e compartidos por todos os individuos. Jung chámaos arquetipos, termo derivado do grego. O significado de "arquetipo" pódese facer máis comprensible se o definimos como "imaxes orixinais", "modelos", "imaxes virtuais", "representacións posibles".

Os arquetipos corresponden ás experiencias adquiridas pola humanidade ao longo da súa historia evolutiva, mentres desenvolve a conciencia. Son a memoria da humanidade, e están encerrados nun espazo que Jung denomina "inconsciente colectivo". Este inconsciente é colectivo porque non é individual senón compartido, accesible por toda a humanidade e por cada ser humano.

Os arquetipos que residen no inconsciente colectivo teñen o poder de intervir na vida dos individuos solteiros xerando episodios que Jung denomina sincronicidades.

Na construción desta teoría, Carl Jung contou co apoio cultural e moral do famoso físico Premio Nobel Wolfgang Pauli, (Fig. 13) que o animou a facer explícitas as súas conclusións a pesar de que Jung dubidaba durante anos en facelo. Pauli convenceu a Jung para que publicasen xuntos, en 1952, un libro que contén a teoría da sincronicidade en forma de ensaio titulado "A sincronicidade como principio de conexións casuales".

O simbolo

O carácter simbólico dos arquetipos produce a consecuencia de que mesmo as sincronicidades xeradas por eles teñen aspectos simbólicos.

Isto está apoiado pola experiencia, e algúns analistas jungianos non dubidan en definir as sincronicidades como "soños despiertos".

Figura 13 - Wolfgang Pauli, estudante moi novo do Ximnasio Döblinger de Viena. De adulto coñeceu a Jung para un tratamento terapéutico que pronto deu lugar a unha sólida amizade e un intercambio de cartas que durou un cuarto de século.

De feito, os soños son absolutamente independentes da nosa vontade e dificilmente poderiamos intervir para pilotalos na nosa vida ordinaria. Do mesmo xeito, as sincronicidades son eventos únicos que aparecen nas nosas vidas para espertar desconcerto e asombro. As sincronicidades están sempre rodeadas dunha aura de misterio debido á súa forma simbólica.

As estrañas coincidencias das que ás veces somos protagonistas tamén teñen un valor simbólico, pero a súa repetición pode guiarnos para descifrar o símbolo e comprender a mensaxe. Isto, cando ocorre, segue procedementos misteriosos. Ás veces ocorre: simplemente que a nosa conciencia desdobra ante os nosos ollos o significado do símbolo, aínda que non podemos reconstruír o procedemento segundo o cal isto puido suceder.

Segundo o significado común, o símbolo é algo que se sitúa no lugar doutra cousa. A maioría das veces o significado oculto do símbolo escápase de nós. Aínda que parece que o temos "na punta da lingua", zumba ao noso redor sen que poidamos agarralo.

Neste sentido, o símbolo xera unha tensión entre o que aparece e o que escapa á comprensión, contén unha parte do coñecido e unha parte do descoñecido. Representa un desafío á conciencia, mentres que a conciencia sofre a inquietude dun problema sen resolver, dunha pregunta sen resposta, dun peón que non ten cabida.

Non é imposible gañar o reto. En efecto, as sincronicidades teñen a función de comunicar mensaxes desde o inconsciente colectivo, utilizando o noso inconsciente individual.

Do inconsciente colectivo flúe unha mensaxe misteriosa, escrita nunha linguaxe e con símbolos construídos sobre a evolución experimentada por toda a humanidade e, polo tanto, indescifrable ao máximo para a visión que permite a nosa experiencia extremadamente limitada. Digamos que a nosa conciencia non ten os ollos suficientemente grandes para poder visualizar e comprender o sentido total da mensaxe.

Cando pasa polo noso inconsciente individual, a mensaxe trata de facerse comprensible para a nosa conciencia.

Mediado polo inconsciente individual, o símbolo asume cousas acontecidas que xa non lembramos, ou que queremos esquecer; remexe nun almacén de ruínas e fragmentos de edificios destruídos que, porén, nun momento determinado, nos eran familiares, e utilízaos para expresarse máis de preto a nosa experiencia. Aínda que conserva a súa natureza críptica, faise máis descifrable.

Se non estivese conectado co inconsciente colectivo, o noso inconsciente individual sería só unha cousa triste e inútil, un cemiterio de experiencias soterradas.

Grazas ao inconsciente colectivo, o noso inconsciente individual convértese nunha ferramenta preciosa, e transfórmase no medio de ilusionantes momentos vitais, de ensoñacións que nos poden guiar cara a unha evolución espiritual e unha vida mellor.

Arquetipos, ideas, conceptos.

A palabra arquetipo provén do grego antigo e pode ter o significado de orixinal, modelo, marca. Segundo algúns tamén pode significar p "comezo". Foi usado por primeira vez por Filón de Alexandría, un filósofo grego antigo tamén coñecido como Filón o Xudeu, que viviu en Alexandría en Exipto e que foi contemporáneo de Xesús. Máis tarde o termo foi adoptado por outros filósofos gregos como Dionisio de Halicarnaso e Luciano. de Samosata.

Porén, o desenvolvemento do tema dos arquetipos pódese inserir na tradición platónica, onde aparecen como ideas, é dicir, modelos orixinais de realidades sensibles. Algúns neoplatónicos como Plotino consideráronos como ideas preexistentes na mente divina e modelos de cousas creadas.

Dentro desta tradición Jung considera os arquetipos como imaxes primixenias que constitúen o inconsciente colectivo, ou mesmo formas primitivas nas que se basean os mitos e as relixións.

No seu libro "Tipos psicolóxicos" Jung afirma: "Os principais motivos mitolóxicos de todos os tempos e de todas as razas son probablemente deste tipo (arquetípico)".

O cuarto elemento excluído.

Jung era un hábil conferenciante, conseguindo en todo caso interesar ao público aínda que non estaba formado por persoas iniciadas no ámbito científico. Ao contrario da prosa freudiana, sen adornos e medida, Jung sabe expresar a súa rica e culta personalidade mesmo nas obras máis técnicas ou sistemáticas. Neste capítulo refírome principalmente a tres dos seus ensaios, presentados en forma de conferencias. O primeiro, "Os arquetipos do inconsciente colectivo", foi escrito en 1934 e revisado en 1954. O segundo, "O concepto do inconsciente colectivo", foi escrito en 1936.

O terceiro traballo, "A sincronicidade como principio de conexións casuales", publicado en 1952, é case un compendio dos primeiros e é aquel no que expresa plenamente a súa teoría da sincronicidade.

Jung mostrouse moi reticente a publicar este ensaio, e só en 1952 o seu amigo e correspondente Wolfgang Pauli o convenceu para que o fixese.

Os dous levaban máis de vinte anos colaborando a través dun intenso intercambio de ideas, precisamente nestas cuestións.

De feito, a pesar de ser un dos pais fundadores da física cuántica, capaz de gañar un premio Nobel en 1945, Pauli compartía moito as ideas de Jung e quixera que o ambiente científico puidese superar a desconfianza, o escepticismo e o escarnio tendo en conta. a posibilidade dun camiño paralelo e dunha linguaxe común entre a ciencia e a psique, que podería ter permitido unha maior comprensión.

O enfrontamento intelectual entre Jung e Pauli xerou unha investigación coñecida como "o cuarto elemento excluído". De feito, o obxecto dos seus estudos tendía a resolver moitas das dúbidas que suscitaba a física cuántica sobre a integridade do modelo da tríada da física clásica: tempo, espazo, causalidade; Jung e Pauli imaxinaron un "cuarto excluído" ao que chamaron sincronicidade.

Pauli estaba fascinado pola posibilidade de engadir o cuarto elemento á tríada.

Jung, pola súa banda, quedou fascinado polos primeiros estudos de partículas subatómicas que comezaban a revelar unhas propiedades incribles. Por exemplo, estas partículas poderían converterse en vibracións, ou poderían desaparecer e reaparecer en puntos remotos do universo. As partidas elementais podían comunicarse a inmensas distancias a través de misteriosas conexións non físicas. Jung i viu a nacente física cuántica, e tamén a teoría da relatividade de Einstein, como posibles confirmacións científicas dos seus conceptos psicolóxicos sobre a sincronía e o paranormal.

Pauli posuía unha profunda intuición (que dicía que derivaba moito dos seus soños) e unha capacidade de pensamento excepcional.

Moi novo publicou un artigo sobre a teoría da relatividade que foi publicado pola Enzyklopadie der mathematischen Wissenschaften. Cando Einstein, o pai da teoría, o leu, comentou o seguinte:

> "Calquera que estude esta obra non crería que a escribiu un mozo de só vinte e un anos. Non sei que admirar máis: a comprensión psicolóxica da evolución das ideas, a precisión das deducións matemáticas, a precisión das deducións matemáticas, a comprensión psicolóxica da evolución das ideas. a intuición

profunda, a capacidade de presentar o traballo con lucidez sistemática, integridade fáctica ou infalibilidade crítica".

Por desgraza, Jung, como todos os xenios, sempre atopara frialdade e incomprensión cara ás súas ideas máis orixinais dos seus compañeiros e do seu ambiente de traballo. O seu pesar, e quizais o sufrimento por non poder nunca implicar nas súas intuicións nin ás persoas máis próximas, queda patente nas páxinas de "Lembranzas, soños, reflexións". Este libro é unha especie de diario-confesión, encomendada á pluma de Aniela Jaffè. Polo tanto, a medida que maduraba, Jung tomara instintivamente unha actitude reticente a facer públicas as súas teorías máis avanzadas.

Foi o propio Pauli quen superou as súas reticencias convencéndoo de que publicasen xuntos un libro, no que aparecían dous ensaios; unha do propio Pauli titulada "A influencia dos arquetipos nas teorías científicas de Kepler" e a segunda, asinada por Jung, "A sincronicidade como principio de conexións casuales".

Arquetipos como "imaxes primordiais".

O libro publicado con Pauli representaba a síntese de décadas de traballo. A primeira vez que Jung empregou o termo arquetipo remóntase a 1919, con motivo dun simposio celebrado en Londres.

> "No inconsciente tamén atopamos características que non foron adquiridas individualmente, senón herdadas, é dicir, instintos entendidos como impulsos a actividades que veñen, sen motivación consciente, dunha restrición interior. A estes súmanse as formas existentes a priori, é dicir, conxénitas, da intuición, é dicir, os arquetipos da percepción e da comprensión, (...) Os instintos conducen ao home a un comportamento especificamente humano. Do mesmo xeito, os arquetipos axustan a percepción e a intuición cara a aspectos específicamente humanos. Os instintos e os arquetipos da intuición forman o inconsciente colectivo".

Jung pronto desenvolveu a crenza de que os arquetipos eran ideas externas á conciencia individual, sempre existentes e estreitamente conectadas cos mitos primixenios. O acontecemento que o levou a abrazar de forma convincente a tese da relación cos mitos cóntao el mesmo no ensaio "O concepto do inconsciente colectivo" escrito en 1936.

> "Sobre 1906 atopeime cun estraño delirio, presente nun esquizofrénico paranoico que levaba moitos anos hospitalizado. O paciente sufría desde pequeno e era incurable. Estudiara nun colexio público e traballara como

dependente nunha oficina. Non tiña ningunha inclinación particular e eu mesmo non sabía nada de mitoloxía nin arqueoloxía daquela. Un día atopei ao paciente xunto á fiestra, lanzando a cabeza e pestanexando ao sol. Díxome que fixera o mesmo, porque así vería algo moi interesante. Cando lle preguntei que estaba a ver quedou abraiado de que eu non puidese ver nada: "Definitivamente ves o pene do sol... cando movo a cabeza cara atrás e cara atrás, o pene tamén se move. Deste movemento sae o vento". Naturalmente non entendín esta estraña idea, pero tomei nota dela.

Entón uns catro anos despois, no curso dos meus estudos mitolóxicos, atopeime cun libro do falecido Albrecht Dieterich, o coñecido filólogo. O libro arroxa luz sobre esta fantasía. A obra, publicada en 1910, trata dun papiro grego da Biblioteca Nacional de París. Dieterich pensou que descubrira un ritual mitraico nunha parte do texto. O texto é, sen dúbida, unha prescrición relixiosa relativa ao funcionamento de certos feitizos nos que se nomea Mithra. (…) No texto pódense ler as seguintes indicacións:

"Inhala dos raios, inhala tres veces máis que poidas e sentiráste levantado e camiñando cara arriba e parecerás estar no medio da rexión aérea... Verás o camiño dos deuses visible a través do disco de o sol, que é Deus meu pai. Así tamén verás o chamado tubo, a orixe do vento axudante. Porque verás algo así como un tubo colgado do disco do sol. Verás isto cara as rexións do Oeste, infinito coma un vento que sopra do leste. E se o outro vento se dirixe cara ás rexións do Leste, verás a inversión da visión nesa dirección"

(...) Agora ben, é absolutamente imposible que o paciente puidese ter coñecemento dun papiro grego publicado catro anos despois".

Jung considerou este episodio como unha primeira proba dunha estreita relación entre os arquetipos que se materializan na mente humana e os símbolos das mitoloxías antigas.

O subconsciente colectivo.

O subconsciente colectivo é un concepto da psicoloxía analítica de Jung. En contraste co subconsciente persoal que é individual, o subconsciente colectivo é compartido por todos os homes e deriva dos antepasados comúns de toda a humanidade. Neste sentido representa un recipiente psíquico universal, é dicir, unha parte do subconsciente común compartido por toda a humanidade. Contén os arquetipos, é dicir, as formas e símbolos propios de todos os pobos de todas as culturas (fig. 14).

É importante sinalar que os arquetipos non derivan da experiencia do individuo senón que existen a priori, como herdanza da experiencia de toda a humanidade. Algúns adoitan dividir o subconsciente colectivo segundo diferentes estratificacións: o máis profundo deriva das raíces arcaicas do pasado; a estratificación media contén os valores e costumes sociais do momento que estamos a vivir, e unha terceira estratificación contén as posibles e posibles evolucións futuras da humanidade.

Jung presenta e defende a súa teoría no ensaio "O concepto do inconsciente colectivo", publicado en 1936.

Introduce o concepto afirmando que o subconsciente persoal debe a súa existencia á experiencia persoal e está composto esencialmente por contidos que foron conscientes, aínda que despois fosen esquecidos ou eliminados.

Pola contra, os contidos do subconsciente colectivo nunca estiveron na conciencia individual e, polo tanto, nunca foron adquiridos individualmente, senón que deben a súa existencia unicamente á herdanza.

En consecuencia, diferencia os dous tipos de subconsciente facendo referencia ao seu contido: o subconsciente individual contén sobre todo complexos, o subconsciente colectivo, en cambio, está formado esencialmente por arquetipos.

Jung defende a súa idea do arquetipo como forma preexistente, citando a outros investigadores como Lévy-Bruhl que nos seus estudos sobre a psicoloxía dos primitivos define os arquetipos como "representacións colectivas". Jung cita tamén a Hubert e Mauss, que nos seus estudos sobre relixión comparada definen os arquetipos como “categorías da imaxinación”. Tamén cita a Adolf Bastian que nos seus estudos etnolóxicos define os arquetipos como "pensamentos elementais" ou "pensamentos primordiales".

Fortalecido por estas converxencias científicas, Jung presenta a súa tese, segundo a cal:

> "Ademais da nosa conciencia inmediata, que é totalmente persoal por natureza e que cremos que é a única psique empírica (aínda que engadimos o subconsciente persoal como apéndice), existe un segundo sistema psíquico de natureza colectiva, universal e impersoal, que é idéntico en todos os individuos. Este subconsciente colectivo non se desenvolve individualmente, senón que se herda. Consta de formas preexistentes, os arquetipos, que só poden tomar conciencia nun momento posterior e dar unha forma específica a determinados contidos psíquicos".

Jung continúa a ilustrar o significado do subconsciente colectivo e comeza facendo referencia á psicoloxía terapéutica na visión de Sigmund Freud e Alfred Adler, que é exclusivamente de carácter personalista e nega calquera achega ou conexión externa co individuo

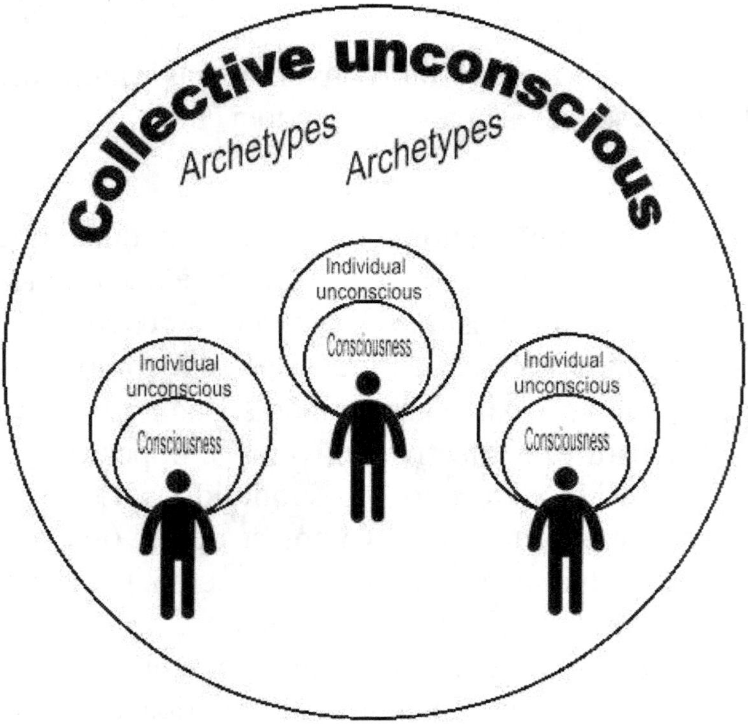

Figura 14 - Os niveis de conciencia segundo Carl Jung.
1. O subconsciente colectivo é común a toda a humanidade
2 Os arquetipos veñen do subconsciente colectivo.
3 -4 Cada individuo ten un subconsciente e unha conciencia individuais.

Jung destaca a contradición debida a que, por individual que sexa, a visión de Sigmund Freud e Alfred Adler fai referencia tamén a factores que non son meramente individuais, como, por exemplo, o instinto sexual ou o impulso de autoafirmación.

Nin sequera Freud ou Adler puideron negar a existencia de instintos existentes a priori e presentes tanto nos homes como nos animais. Os instintos certamente non son compoñentes persoais, senón universais e herdados da psique, e moitas veces operan por riba da conciencia. Neste sentido, os instintos amosan analoxías moi próximas cos arquetipos.

En consecuencia, segundo Jung, a hipótese da existencia dun subconsciente colectivo non é máis audaz que a que propón a existencia dos instintos. Partindo deste razoamento, deféndese da acusación de misticismo que se levan contra a súa teoría do subconsciente colectivo. Do mesmo xeito que os instintos son capaces de influír no pensamento, na conciencia e na acción dos individuos dun xeito completamente místico, tamén poden facer o mesmo os arquetipos do subconsciente colectivo.

O proceso jungiano de individuación.

No primeiro capítulo da súa obra "Aspectos do drama contemporáneo" Jung escribe o seguinte:

> “Os arquetipos son como os leitos dos ríos abandonados pola auga, que non obstante poden acollelo de novo despois dun certo tempo. Un arquetipo parécese a un desfiladeiro de montaña no que hai tempo que verteu a corrente da vida: canto máis cavou este leito, máis conservou esta dirección, máis probable é que, tarde ou cedo, volva alí".

A psique consiste esencialmente nunha parte consciente (consciencia) e unha parte inconsciente, na que podemos distinguir o subconsciente individual e o subconsciente colectivo.

A dinámica entre as dúas partes (consciente - subconsciente) é considerada por Jung como o motor que permite ao individuo afrontar unha longa viaxe dirixida á realización da súa propia personalidade.

A interacción entre o consciente e o subconsciente xera un proceso que Jung denomina "individuación". Neste camiño o individuo atópase e enfróntase aos aspectos inconscientes (arquetipos) da súa propia personalidade: ao enfrontarse a eles pode ampliar a súa propia conciencia.

O proceso de individuación representa un camiño de integración e unificación dos complexos que forman a personalidade, é dicir, un achegamento progresivo do Eu co Eu, a través dun camiño que conduce á toma de conciencia do Eu e á liberación do Ego do seu Eu. conflitos internos.

Jung cre que a tarefa da psicanálise é establecer unha relación xerárquica entre o “Eu” e o “Ego”, tendo en conta precisamente que o primeiro é a totalidade mentres que o segundo é só unha parte. Esta relación debería permitir retomar o achegamento harmónico entre ambos, cando este foi detido por unha neurose derivada dun endurecemento das esixencias do "Ego" con respecto ás necesidades individuais do "Eu" (de aí o nome). : proceso de individuación).

O achegamento realízase a través do descifrado do significado dos símbolos que o individuo atopa ao longo da súa vida. Os símbolos pódense atopar tanto no mundo interno, a través dos movementos regresivos e progresivos da libido, como no exterior, grazas aos episodios de sincronicidade. Polo tanto, as sincronicidades son unha axuda válida no desenvolvemento do proceso de individuación.

Baixo esta luz, a individuación é froito da continua colaboración entre a Consciencia, o Subconsciente, o Ego e o Eu. O proceso de individuación representa unha viaxe espiritual cara a unha maior autoconciencia. O progreso na viaxe é recoñecible polos seus fitos..

Primeira etapa: o arquetipo da Sombra.

A primeira etapa caracterízase polo arquetipo da Sombra, é dicir, todos aqueles aspectos que o individuo non coñece ou quere ocultar sobre si mesmo, así como todo o que foi eliminado tras os compromisos debidos á educación e ás influencias do medio.

A Sombra representa a parte máis desagradable e negativa da psique; coincide incluso cos impulsos instintivos máis baixos, que normalmente tendemos a reprimir. Tamén representa os vicios e inclinacións que o individuo tende a negar que sexan seus, pero que, a pesar diso, inflúen no seu comportamento e se manifestan con lados detestables do personaxe ou con "tentacións" que a parte consciente tenta ignorar.

Este arquetipo pode manifestarse en soños e símbolos con figuras demoníacas, monstros e persecucións, pesadelos vividos na escuridade.

Un arquetipo frecuentemente mencionado xunto coa Sombra é o de Persoa.

A Persoa (do latín, "máscara do actor") é un arquetipo que indica o papel que desempeña o suxeito no contexto social no que actúa. A persoa é precisamente a máscara, a identidade de cobertura baixo a que actuamos, e grazas á cal somos o que os demais querían que fosemos e o que cremos que somos.

Segunda etapa: o arquetipo do Anima ou o Animus.

A segunda etapa caracterízase polo encontro co arquetipo do Anima (para o macho) e o Animus (para a femia). A pesar do nome que recorda á alma, non fai referencia a ningún concepto relixioso ou dogmático.

A imaxe da anima é proxectada polos homes sobre as mulleres, mentres que nas mulleres é o arquetipo correspondente, o animus, que se proxecta sobre os homes.

A Alma representa o contacto cos aspectos psíquicos e mentais, é dicir, o primeiro achegamento dun individuo á súa psicoloxía, case un rito de iniciación. É a porta que permite o acceso ao mundo transcendente.

É un arquetipo de gran comunicación porque presenta moitas imaxes inconscientes, crea malentendidos, constrúe ilusións e en consecuencia tamén crises.

Neste sentido, o enfrontamento coa alma é moito máis esixente que o coa Sombra; supón entrar en territorios onde existe o risco de ser esmagado. Todo o que toca a Alma vólvese numinoso, é dicir, absoluto, perigoso, suxeito a tabú, máxico.

O Animus (compoñente masculino das mulleres) representa aspectos tipicamente prácticos e concretos, racionais e reais. Represéntase en soños coa guerra, o ferreiro e símbolos similares. Ten contidos de reflexividade, control, análise, ponderación, racionalidade, cálculo, decisión, programación, distinción.

Estes dous arquetipos dannos unha visión ampla do dual que pode ser a psique.

Segundo Jung, cada arquetipo contén un aspecto da vida e o seu oposto, entendéndose que ambos teñen o seu propio valor e o seu lugar. Pola contra, o pensamento de Freud céntrase no conflito e na loita pola eliminación dun dos dous.

Segundo Jung, a dualidade da psique prevé a submisión que supera o abuso e o amor que supera o odio. Tamén debe existir unha colaboración harmónica entre o consciente e o inconsciente.

A dualidade jungiana tamén segue sendo válida con respecto á diversidade de xéneros, xa que a psique ten enerxías masculinas e femininas no seu interior, e cada home ten un lado feminino, así como toda muller ten un lado masculino. É obvio que cada un posúe unha enerxía dominante, pero non obstante acolle, aínda que no fondo, tamén a contraria.

Nos baixorrelevos dos templos indios, o masculino e o feminino represéntanse como un home e unha muller abrazados; alegóricamente son dúas figuras universais. A unidade inicial dos dous xéneros xurde tamén das narracións relixiosas ou míticas, onde lemos que Eva naceu da costela de Adán e Atenea saíu da cabeza (ou becerro) de Zeus.

Terceira etapa: o arquetipo do "vello sabio".

A terceira etapa corresponde ao encontro co arquetipo do "vello sabio", que pode entenderse como a figura paterna masculina, espello do arquetipo da Grance Madre. Toda a experiencia do individuo está encerrada no Vello Sabio, e con ela toda a súa capacidade de razoar e predicir. Representa o obxectivo transformador que se está a acadar despois de enfrontarse cos arquetipos das fases anteriores. Nesta condición un faise capaz de avaliar o pasado, o presente e o futuro. O vello sabio é retratado como un filósofo capaz de asesorar.

A "Gran Nai" representa o obxectivo final da psicoloxía feminina. Na psicoloxía jungiana é un arquetipo de poder grande e ambivalente, á vez destrutor e salvador, que alimenta e devora. Está revestido de sacralidade, como para ser un dos poderes numinosos do inconsciente.

Cuarta etapa: o arquetipo do Eu.

O arquetipo do Eu é a razón final do proceso de individuación, é dicir, a razón de existir do individuo, que se lle revela e ábrese ante el como unha flor que florece.

Represéntase como luz, cuaterna, centro das cousas. O seu símbolo pode ser o mandala, unha figura que na tradición relixiosa budista e hindú representa o cosmos e está pintada sobre tea ou pintada ao fresco nas paredes dos templos.

O Eu representa ao propio individuo, con toda a experiencia e coñecemento que acumulou no seu camiño de individuación. Cando o individuo se atopa co Eu, significa que as neuroses son derrotadas e que se conseguiu a harmonía interior.

Polo tanto, o Eu é o obxectivo, a culminación da realización da personalidade, un cumio no que conflúen e unifican todos os aspectos conscientes e inconscientes do individuo.

Outros arquetipos clásicos representan imaxes universais que expresan simultaneamente positividade ou negatividade: Auga, Número,

Heroe, Mago, Rebelde, Soberano, Inocente, Apolo, numerosas figuras da relixión, etc.

Cando os arquetipos se refiren a figuras míticas, relixiosas ou lendarias, Jung chámalles "poderes numinosos", retomando un termo xa acuñado por Rudolf Otto, teólogo e historiador das relixións alemán.

Jung e alquimia: individuación e "Opus alchemicum".

O último libro escrito por Jung en 1956 titúlase "Mysterium Coniunctionis" e trata do arquetipo homónimo, que fai referencia ao matrimonio sagrado ou "alquímico" entre o Sol e a Lúa. Jung centrouse na alquimia en moitas das súas obras, tentando destacar o significado do "Opus alchemicum" (Traballo Alquímico) como unha procura espiritual.

A súa investigación tivo como obxectivo descubrir as analoxías existentes entre os procesos alquímicos e os relacionados coa esfera psíquica. En particular, analizou as fases polas que se levaría a cabo o traballo alquímico, é dicir, o procedemento para a obtención da pedra filosofal. Este procedemento inclúe algunhas etapas, que orixinalmente eran catro:

- "Nigredo" ou ennegrecemento, asociado ao elemento terra.
- "Albedo" ou branqueamento, asociado ao elemento auga.
- "Citrinitas" ou amarela, asociada ao elemento aire.

- "Rubedo" ou vermelhidão, asociado ao elemento lume.

Estas catro etapas corresponderían ao proceso psíquico de individuación.

En particular, a primeira etapa de identificación, é dicir, a comparación co arquetipo da Sombra, atoparía correspondencia na fase do proceso alquímico denominada "nigredo".

"Nigredo" é un termo latino que significa "cor negra" ou "negrura". Marca a "Phase to Black" de Opus, o inicio do proceso de creación da pedra filosofal. E a etapa de putrefacción e descomposición. Este é o momento máis delicado, simbolizado por un corvo negro. Nesta fase hai que deixar morrer todos os ingredientes, macerando e cocendo durante moito tempo ata que se forme unha masa escura.

A segunda etapa, é dicir, o encontro co Ánima ou Animus, atoparía correspondencia na fase Opus do "albedo", termo latino que significa "brancuridade". Esta fase está simbolizada por un cisne branco e chámase "Opera al Bianco". Consiste na purificación da masa informe resultante do "nigredo", para lavar as impurezas e preparala para a seguinte fase. En linguaxe química corresponde á destilación. Metaforicamente, con este paso a alma líbrase dos lazos da carnalidade.

A terceira etapa, que é o encontro co vello sabio, correspondería á fase do proceso alquímico denominada "Citrinitas".

As "Citrinitas" é a fase de amareleamento ou queima do material do Opus. A súa cor é o amarelo citrino, símbolo de vontade e conciencia dinámica. Da putrefacción inicial obtívose un composto destilado, destinado á sublimación.

A cuarta etapa, da individuación, é dicir, o encontro co arquetipo do Eu, atoparía correspondencia na etapa do Opus coñecida como "Rubedo".

O termo latino rubedo pódese traducir como "vermelhidão". Representa a "Fase Vermella" e é a conclusión da transmutación química, que debería coincidir coa realización da pedra filosofal capaz de converter os metais básicos en ouro. O "rubedo" ten lugar por efecto do lume, é dicir, do Espírito. Os seus símbolos son o fénix, a rosa vermella, o ovo, un rei coroado.

O rubedo tamén ten outros valores simbólicos, ligados a que o vermello na tradición alquímica representa a cor intermedia entre o negro e o branco. Polo tanto, representa a conxunción de contrarios e a unión entre espírito e materia ou entre masculino e feminino.

Finalmente, do mesmo xeito que o "nigredo" correspondía ao corpo físico do alquimista, e o "albedo" á súa alma, o "rubedo" corresponde ao seu espírito, é dicir, á parte máis alta dos tres elementos constituíntes do ser humano.

A sincronía.

É na rexión do corazón onde ten lugar o reconecemento espontáneo de conexións que a mente a miúdo só comprende máis tarde. Estas conexións nun principio case inexplicables pero percibidas con absoluta certeza defínense como sincronicidades, ou coincidencias, ou simplemente milagres.

(Ruediger Schache, Consellos do corazón)

Jung explica plenamente a súa teoría da sincronicidade no ensaio "A sincronicidade como principio das conexións acausais". Comeza o seu razoamento definindo os conceptos de causal - acausal.

Jung comeza a súa exposición enfatizando como o concepto subxacente ás leis da natureza é que todo acontecemento se debe a unha causa. Non obstante, isto non sempre é certo; hai acontecementos na natureza que non están ligados entre si por relacións causa-efecto e polo tanto deben ser interpretados de forma diferente.

Sería unha empresa inútil buscar estes acontecementos no mundo macrofísico, aínda que só fose porque sería imposible explicalos. Imaxinemos unha bola de billar movendo sen ningún empuxe. A bóla non recibiu o impacto doutra bóla, o empuxe do vento, non está nun plano inclinado. O feito non é crible. nin sequera se o contan moitas testemuñas.

Esta é unha confirmación do concepto de determinismo, segundo o cal todo fenómeno ou evento físico está necesariamente determinado por outro fenómeno ou evento que ocorreu con anterioridade.

Para que se teña en conta un fenómeno non abonda cun único testemuño, fai falta moitos. A pesar diso, aínda que haxa moitos testemuños, o fenómeno seguirase negando en ausencia de repetibilidade, é dicir, a posibilidade de reproducilo con normalidade. A repetibilidade debe ser posible en calquera condición análoga. Porén, ás veces, incluso un fenómeno raro pode ser tomado en consideración, como ocorre na bioloxía, onde un único exemplar dunha especie descoñecida fai crible a existencia de toda a especie.

A pregunta que se fai Jung é: existe, dun xeito absolutamente xeral, a posibilidade de obter a confirmación dos feitos sen causa? Existe unha casuística de feitos non causados?

A súa resposta é positiva. Jung refírese ao mundo do "azar", no que os acontecementos non parecen estar ligados por relacións causais con outros acontecementos.

Cando falamos de azar, adoita argumentar que mesmo os acontecementos definidos como "aleatorios" ou "coincidencias" poden explicarse. Cando estes acontecementos non se poden atribuír a unha causa, só depende de que non o coñezamos. .

Pero, continúa Jung, o principio segundo o cal todo acontecemento debe ter unha causa é relativo, é dicir, só é aplicable ao contexto da realidade macrofísica, aquela no que vivimos. En consecuencia, aínda que admite que a gran maioría dos acontecementos deben ter unha causa, isto non exclúe a posibilidade de que algúns acontecementos non a teñan.

Entre a gran maioría dos acontecementos relacionados con causas, pódense atopar os raros casos nos que non existe ningunha causa nos que, baixo un escrutinio detallado, unha relación causal parece impensable. Aquí Jung dá un exemplo:

> "Se me vexo obrigado a comprobar que o meu billete de tranvía ten o mesmo número que o billete do teatro que compro inmediatamente despois, e se no transcurso da mesma noite aínda recibo unha chamada telefónica que indica o mesmo número que o número de teléfono, a relación causal paréceme altamente improbable, e nin a máis audaz imaxinación me permitiría pensar que podería existir unha relación, aínda que cada caso tomado por si mesmo posúe igualmente evidentemente a súa causa.

É obvio que todas as coincidencias poderían ser como obxectivos alcanzados por casualidade, pero esta teoría pode ser válida sempre que non exceda un nivel razoable de probabilidade. Cando se supera este limiar é evidente que o complexo de coincidencias vólvese inexplicable e non se pode referir a ningunha causa.

Jung admite a posibilidade de que, con todo, un agrupamento de coincidencias puidese deberse unicamente ao azar.

Porén, pode haber grupos de "estrañas coincidencias" que adquiran un valor diferente e moi significativo para o protagonista. Son os casos nos que a persoa implicada consegue conectar as coincidencias dándolles sentido.

A aparición destes grupos de coincidencias contén un compoñente numinoso, que é misterioso, sagrado, que os fai significativos, e cando isto ocorre Jung dálle ao grupo o nome de sincronicidade.

Ao ilustrar coincidencias significativas, Jung agrúpaas en tres categorías.

O primeiro establece que existe un vínculo entre un estado psíquico do suxeito e un acontecemento contemporáneo e obxectivo, que se corresponde co estado psíquico. Un exemplo é o episodio narrado polo propio Jung: mentres unha paciente lle contaba que soñara cun escaravello semellante a un escaravello, un insecto dese tipo bateu contra a fiestra do estudo.

A segunda categoría de coincidencias significativas establece que existe un vínculo entre o estado psíquico dun suxeito e un acontecemento externo, que ten lugar noutro lugar pero que se pode comprobar posteriormente. Pódense utilizar como exemplos os innumerables testemuños de soños que anuncian a morte dunha persoa, que despois se constata que ocorreu ao mesmo tempo que o soño.

A terceira categoría establece que existe un vínculo entre o estado psíquico do suxeito e un suceso que aínda non ocorreu, pero que se producirá no futuro. Por exemplo, pode ocorrer que de súpeto penses en alguén coa que perdiches o contacto e o atopes ao día seguinte.

Nos tres casos é evidente a necesidade da existencia dun estado psíquico que permita ao suxeito interceptar os sinais que anuncian o suceso, atribuíndolles un significado e motivando en si esa carga de expectativa que coincidirá coa ocorrencia do suceso. en si.

Desafortunadamente, os sinais que poderiamos definir como premonitorios son moitas veces ignorados, por moi numerosos que sexan, porque estamos afeitos naturalmente a ver o mundo segundo os parámetros da física determinista e a considerar distraídamente acontecementos insólitos e estrañas coincidencias, que rebaixamos a casos sen importancia.

Nacemento dunha sincronía.

No seu escrito "Synchronicity as a Principle of Acausal Connections" publicado en 1952, Jung cita un exemplo de sincronicidade:

> "Por citar un exemplo entre moitos, apuntei o seguinte caso do 1 de abril de 1949. Hoxe é venres. Temos peixe para xantar. Todo o mundo lembra ao paso o uso do "peixe de abril". Durante a mañá tiña anotado unha inscrición: "Est homo totus medius piscis ab imo". Pola tarde, unha antiga paciente á que levaba meses sen ver, móstrame unhas imaxes de peixes especialmente suxestivas, que ela pintou mentres tanto. Pola noite amósanme un bordado que representa monstros mariños en forma de peixe. A primeira hora da mañá do 2 de abril, unha antiga paciente á que non vía

> desde hai anos contoume un soño no que, estando na beira dun lago, viu un gran peixe nadando decididamente cara a ela e "aterrándose", así que falar, aos seus pés. Neste período estou ocupado cunha investigación cuxa temática é o símbolo histórico do peixe. Só unha das persoas mencionadas anteriormente o sabe. É obvia a sospeita de que neste caso podería tratarse dunha coincidencia significativa, dunha relación casual. Teño que recoñecer que esta concentración me impresionou. Para min tiña un certo carácter numinoso. Nestes casos dise famoso: "Non pode ser pura casualidade!". Os peixes a miúdo xorden como símbolos de contido inconsciente.

Na linguaxe da psicoloxía da forma, a significación é a calidade que distingue as "cousas" das "non cousas", a escena central do fondo, as accións relevantes que compoñen as formas e os contornos irrelevantes.

Poderíamos dividir as percepcións en fotografías e vídeos, para suxerir que non só hai percepcións instantáneas, comparables ás fotos. Moitas veces percibimos algunhas situacións máis estruturadas, con tempo de desenvolvemento propio, acontecementos complexos que destacan sobre o fondo doutros acontecementos, como ocorre nas películas onde a acción central capta toda a atención a costa do esquema.

Figura 15 - Imaxinemos que o cadrado punteado encerra un período da vida dunha persoa, que indicamos como Felipe. Un día, unha semana ou máis. Cada punto representa un dos incontables acontecementos que ocorreron durante este período.

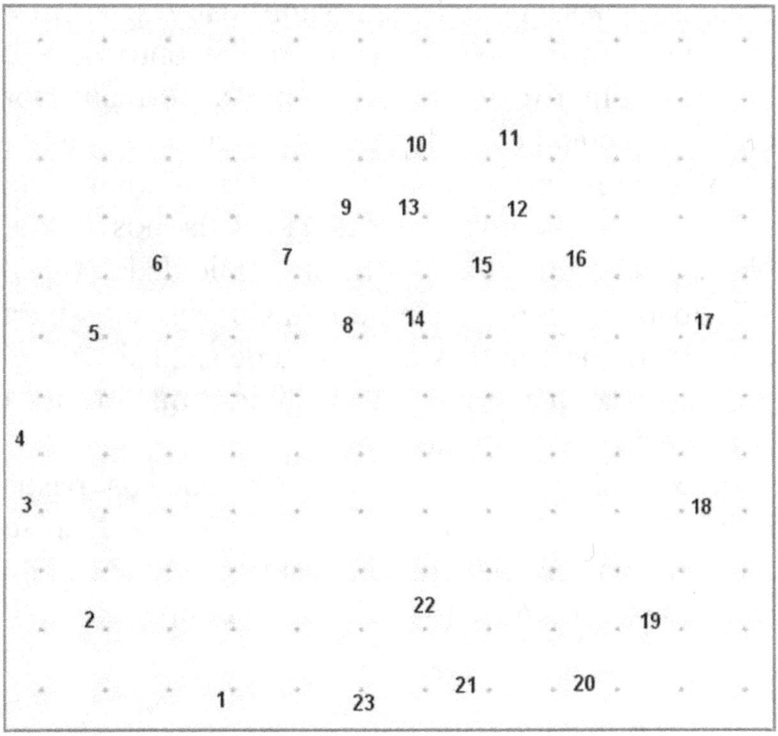

Figura 16 - Por suposto, algúns episodios son máis relevantes que outros. Despois hai algúns (os destacados en negra) que cobran un valor especialmente significativo para Filipe, aínda que el mesmo sexa incapaz de explicar as razóns.

Neste caso estamos a falar de acontecementos, circunstancias, coincidencias significativas, cada un co seu significado. Todos xuntos contribúen a construír unha forma máis complexa, formada por clips de películas, independentes uns dos outros, pero dotados en conxunto dunha simboloxía propia dos acontecementos e necesidades da nosa vida. Neste caso estamos a falar de sincronicidade.

Probablemente o método máis sinxelo para explicar o que é unha sincronicidade sexa simular o proceso polo que se constrúe, é dicir, toma forma na conciencia dun individuo.

Imaxinarémonos, pois, reconstruíndo os pasos polos que unha sincronía podería xurdir e facerse efectiva na conciencia dun amigo, ao que lle asignamos o nome convencional de Felipe.

Filipe e o seu matrimonio.

A figura 15 encerra simbolicamente nunha área delimitada (un cadrado) un período de tempo na vida de Filipe, razoablemente unha semana. Cada punto pechado na zona representa un dos innumerables acontecementos que o involucraron durante este período, desde atar os zapatos pola mañá ata apagar a luz cando se deitaba pola noite. Cada punto ten a súa importancia, pero certamente uns acontecementos son máis relevantes que outros, como por exemplo podería ser un eloxio recibido no traballo fronte a tirar unha negativa ao lixo.

Porén, hai algunhas situacións que quedan especialmente marcadas na mente de Philip, aínda que non saiba por que. Estes son eventos que non están conectados entre si nin teñen ningunha relación co curso normal do seu día.

Simplemente, son destellos de luz que deslumbran a mente do mesmo xeito que un raio podería deslumbrar os ollos. Como sabemos, o efecto dun flash leva algún tempo en liberar o ollo da incomodidade, e así tamén a estraña sensación que provocan algúns acontecementos segue parpadeando na mente, sen motivo en particular.

Nas figuras 16 e 17 quería representar todo coma se fose o famoso xogo "Conecta os puntos".

De feito, Philip debe esforzarse por conectar os feitos estraños, os soños e as coincidencias para darlles sentido, é dicir, construír unha forma que dea un sentido común a acontecementos que aparentemente non deberían ter nada en común.

Na noite entre o luns e o martes Filippo ten un soño estraño. Atópase nunha illa do océano Pacífico, e participa nunha festa organizada polos habitantes dunha aldea. Moitos bailan, outros tocan instrumentos característicos do lugar e outros ofrecen coroas de flores, todo nun ambiente de serena ledicia. Unha moza achégase a Filipe e coloca na súa cabeza unha coroa de flores brillantes e perfumadas, que descansan sobre os seus ombreiros e descenden sobre o seu peito. De súpeto, mentres participa no ambiente festivo, Filippo baixa a mirada e ve un pequeno insecto que se escapa do cáliz dunha flor e comeza a mordisquear os seus pétalos. Pouco despois aparecen outros insectos e atacan todas as flores. Estes murchan e podrecen rapidamente. O soño estase a converter nun pesadelo; Filippo esperta sobresaltado e decátase de que só tivo unha experiencia onírica desagradable, pero a imaxe das espléndidas flores que podrecen ante os seus ollos permanece viva na súa conciencia.

Ao día seguinte descobre que se está a emitir un documental sobre a organización militar do Imperio Romano nunha canle de televisión que non adoita ver. Sempre se interesou pola historia da Roma antiga, polo que decide seguir o espectáculo. O vídeo presenta a organización dun "castrum". O "castrum" era o campamento que cada lexión tiña que construír en poucas horas ao final dun día de marcha. Ao principio, os militares escavaron unha gabia e levantaron unha empalizada no seu interior. Dentro da empalizada. O terreo estaba dividido pola "Via Principalis" e a "Via Praetoria". Nos distintos sectores estaban as tendas de mando, oficiais e militares. Ao final da construción do campamento, o comandante ofreceu un sacrificio ás divindades invocando a protección do recién levantado campamento.

"Que raro -pensa Felipe- ofrecían sacrificios en cada ocasión, entón por que nun campo tan ben organizado non construíron tamén un pequeno templo ás divindades?".

Este pensamento sorpréndeo: nunca se imaxinaría preocuparse por construír un templo relixioso. Filippo quere deixar o pensamento a un lado pero volve darlle voltas á cabeza.

A terceira curiosa coincidencia prodúcese ao cabo dun par de días, mentres traballa no despacho, e atópase lidiando cun rotulador que, por estar demasiado tempo sen tapa, non quere escribir. Impaciente, bótao ao lixo. Guido, un compañeiro, intervén e dille:

"Non o tires, dáme. Cun pouco de paciencia, rexenerareino e empregareino para anuncios para poñer no taboleiro de anuncios do clube".

Guido é secretario e factótum do club de bolos ao que ambos asisten e onde, por escasos recursos, a xente adoita aforrar de todo. A Filippo chama a atención a imaxe do taboleiro de anuncios do club a necesidade de escribir con rotuladores reciclados.

En poucos días, incomprensiblemente, Filippo viuse atraído por unha serie de feitos curiosos e completamente inconexos. Comeza a preguntarse se todo ten sentido.

Soñaba con flores frescas estropeadas polas pragas. A falta dun templo pagán sorprendeuno. Pense nun taboleiro de anuncios escrito con rotuladores do lixo.

De súpeto, como nun flash, a conexión común literalmente estoupa na mente de Philip.

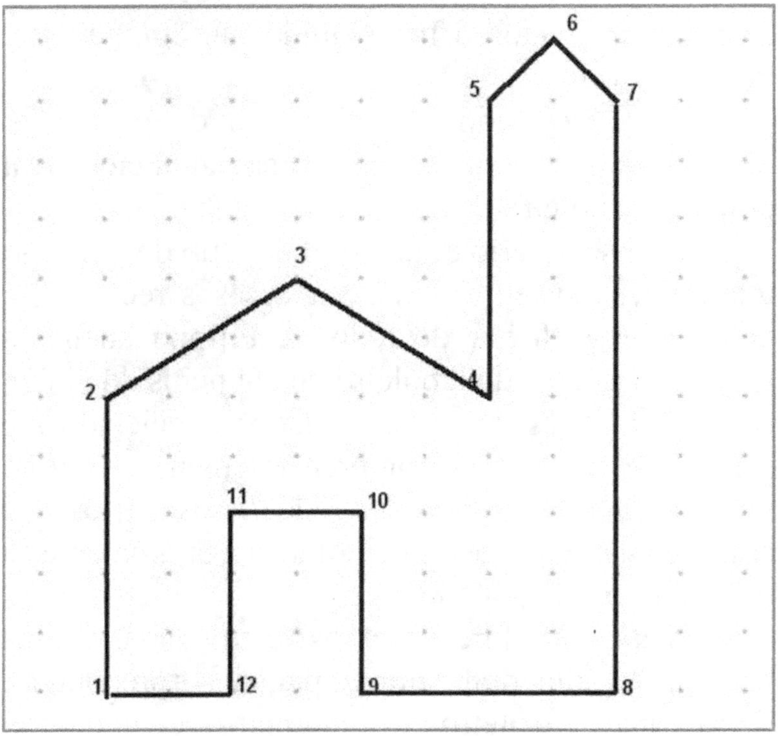

Figura 17 - As coincidencias significativas permiten que unha "forma" se materialice na conciencia de Philip, como podería ocorrer no xogo "Conecta os puntos".

O denominador común é unha igrexa, por suposto. Non unha igrexa calquera, senón a pequena igrexa na que casou. As flores son as da cerimonia, o templo é a propia igrexa, o taboleiro de anuncios é o que contén o anuncio do matrimonio.

Na nosa metáfora do xogo "Conecta os puntos", como se pode ver na figura 17, Filipe une os puntos e obtén a forma da igrexa, que inmediatamente identifica como aquela na que casou.

Aínda non é suficiente, a igrexa é simplemente un símbolo, a suma de moitos símbolos.

Filippo debe chegar a comprender a mensaxe que hai detrás destes símbolos: as flores que son atacadas polos insectos e a podremia, o templo votivo que non está, o rotulador esgotado. Todo isto ligado á igrexa onde comezou a súa aventura matrimonial, faille entender que a súa vida de parella sufriu un certo abandono e o seu matrimonio está a vivir un momento difícil. O empeoramento da situación matrimonial produciuse mentres el, que estaba ocupado co traballo e co quefacer diario, non se decatou.

Se Philip pode descifrar a sincronía na que foi o protagonista, probablemente poderá salvar o seu matrimonio.

Mateo e a frecuencia do número 31.

O segundo exemplo que presento baséase na inusual frecuencia coa que un número pode chamar a nosa atención. Falaremos de Matteo e dos seus repetidos encontros co número 31.

Unha pálida mañá de outono Matteo, director de vendas da súa empresa, estaba programando citas cunha serie de clientes. Matteo deixara para o final a reunión máis importante, a co doutor Corradini, responsable de compras dunha empresa cunha facturación moi interesante. Por desgraza, Corradini tiña un carácter antipático e ás veces desagradable. Matteo sempre estaba incómodo nos distintos contactos laborais que tiña que manter con el. Cun suspiro, levantou o auricular e chamouno. O doutor Corradini foi inusualmente afable ese día, polo que a conversación pronto chegou a unha conclusión coa fixación dunha cita.

- Entón doutor, podemos vernos o día 31? - Propuxo Mateo.

- Por tanto tempo? – Obxectou Corradini.

- Pois é fin de mes, queda unha semana.

- Pero mire, señor Matteo, está equivocado. Estamos en novembro, que ten 30 días. Pero que calendario usa? O calendario azteca?

Matteo permaneceu un momento confuso, despois sentiu que se afundía. Que erro! Só con Corradini! Murmurou algunhas escusas e fixo unha cita para o día 30.

Con todo, o episodio sorprendeuno. Como puido equivocar tanto a data dunha cita importante? Era obvio que novembro ten 30 días. Tamén o di a coñecida canción infantil: “Trinta días ten novembro, con abril, xuño e setembro...”. E despois, tiña a axenda aberta sobre a mesa. Como se lle ocorreu ese maldito número 31, expoñendo a ironía do seu interlocutoro?

Durante o resto da xornada Matteo non puido rematar moito, con ese número 31 atormentándoo.

Por fin chegou o tempo de fin de traballo e Matteo saíu á rúa para dirixirse á parada do autobús, onde esperaría o autobús número 218 que o levaría á casa. Pero na parada de Matteo atopou un cartel: “Por obras en curso, o autobús número 218 está suspendido temporalmente. Alternativamente, os cabaleiros viaxeiros poden tomar o autobús número 31 que pasa pola Via Panorámica".

Se cría que se librara do número 31, Matteo equivocouse. Colleu este novo vehículo que o levou preto da súa casa. Antes de subir á casa foi á tintorería a coller algo de roupa.

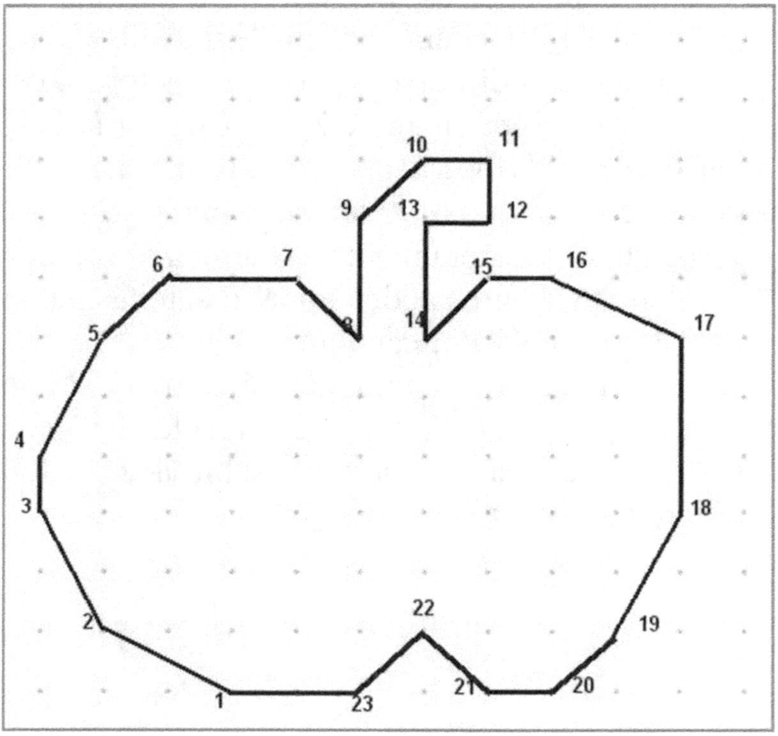

Figura 18 - O xogo "Conecta os puntos" como metáfora da sincronía que implica a Matteo e que, a través da simboloxía da cabaza, lévao a centrar a súa atención nas festas de Halloween da súa mocidade.

A señora Pina, dona da lavandería, entregoulle a roupa co recibo.

- Débeme 33 euros.

Matteo non era tacaño, pero gustáballe regatear os prezos sempre que era posible.

- Tanto? 33 euros? Vaia señora Pina, que pasei un mal día! Déixame pagar 30 euros.

- Está de broma, señor Matteo? Non viches a factura da luz que recibín hoxe! E entón o goberno inventa un novo imposto todos os días. Mire, señor Matteo, non podo facer descontos de prezos.

En fin, só esta vez, só me dan 31 euros. Non podo darche un prezo máis baixo, créame!

Matteo pagou e saíu. Só cando volveu estar na rúa Matteo decatouse de que o número 31 volveu formar parte da súa vida.

Durante toda a noite seguiu reflexionando sobre esa estraña insistencia do número 31. Cando se meteu na cama deuse conta de que non podía durmir. A mala impresión con Corradini ardeu dun xeito particular. Matteo sentiu a ironía da súa resposta: "Pero que calendario usa ela? O azteca?".
Si, novembro ten 30 días. Quizais confundira co mes anterior, outubro, que trae 31.
- 31 de outubro. A que me lembra esta data? díxose Matteo para si.
Por suposto, Halloween! (Fig. 18)
Comezou a pensar nas noites de Halloween que pasaba co seu amigo Fulvio. Todos os anos, na noite de Halloween, os dous colocaban unha gran cabaza baleira cunha vela acesa no seu interior, á entrada

dunha ponte. Despois agardaban aos viandantes, facendo berros e ruídos para asustarlos.
Fulvio era uns anos maior ca el e era un verdadeiro mestre en roubar a cabaza máis axeitada no campo circundante.
A mente de Matteo deambulou por estes recordos durante moito tempo. Había tempo que non tiña noticias de Fulvio. Quen sabe como estaba?
Mirou o reloxo. Non era demasiado tarde para facer unha chamada telefónica. Dunha axenda de teléfonos vellas colleu o número de Fulvio e chamouno.
O receptor de Fulvio soou cunha potencia incrible no silencio da súa casa. Fulvio, sentado na súa mesa, quedou abraiado. O teléfono soou de novo, perentorio, prepotente.
Fulvio puxo a pistola que levaba na man dereita sobre a mesa e levantou o receptor.
- Ola vello, como estás? Coñécesme? Eu son Mateo!
Fuluio quedou estupefacto. Apartou o papel e deixou a pluma diante del, entón respondeu:
- Claro que te recoñezo. Por que pensaches en chamarme?
- Pois pensei que hai moito tempo que non nos vemos e que estaría ben reunirnos para intercambiar ideas. Que tal, pódese facer?
Fulvio mirou para o receptor, coma abraiado. Xa non estaba só, alguén pensara nel, o anxo da noite viñera a estenderlle a man. De súpeto, a súa soidade parecía menos opresiva. Atopouse no punto no que aínda era posible a elección entre a esperanza e a desesperación. Si, o pé do bordo do barranco aínda

se podía tirar cara atrás. Era posible unha nova decisión.

Fulvio decidiu coa velocidade do lóstrego. Colleu a pistola e volveuna a meter no caixón.

"Claro que se pode facer, meu amigo... si, meu amigo, seguro que se pode facer, vémonos!".

A historia de Matteo e Fulvio remata aquí. Ninguén saberá nunca que Fulvio se salvou aquela noite grazas a unha serie de estrañas coincidencias nas que participaron Matteo, todas ligadas ao número 31.

Ninguén saberá nunca que procedemento (seguramente non lóxico) levou a Matteo a transformar algunhas referencias xenéricas ao número 31 nunha data significativa, a festa de Halloween, chegando entón á decisión de contactar co seu amigo da infancia.

Ninguén saberá cantas veces aconteceron historias como esta.

O número, o arquetipo da orde.

"Non todo o que se pode contar importa
e non todo o que importa se pode contar".
(Papel escrito a man colgado no estudo de
Einstein)

Números e sincronía.

As coincidencias numéricas conseguen fascinar a todos, sobre todo cando se repiten regularmente durante un breve período de tempo, mesmo en situacións diferentes: o mesmo horario, o mesmo número de rúa, o mesmo número de reserva, etc. Moitas persoas vense afectadas por iso, pero non todos cren que haxa un significado nin buscan descubrilo.

A repetición dun mesmo número esconde moitas veces unha mensaxe moi persoal, que hai que intuír afondando nos pregamentos do inconsciente. O significado simbólico intrínseco do propio número pode axudar nesta investigación, segundo tradicións moi antigas. A través dunha alegoría numérica podemos ser os protagonistas dunha sincronicidade que pretende revelar un contido de orixe misteriosa, quizais divina.

A práctica de establecer coincidencias significativas baseadas en números ten raíces na historia máis antiga do home. Poderíase contar o número de aves do rabaño, o número de pedras da mesma forma ou cor, o número de plantas no mesmo claro. O número en si é peculiar e misterioso. Segundo Jung, o número ten un significado que é sempre numinoso, estraño, divino.

Algúns profesores de matemáticas instruíron aos seus discípulos cun exemplo irrefutable. Considere calquera grupo de obxectos. Quita a estes obxectos de todas as súas propiedades como peso, forma, tamaño, etc. Pero seguramente non poderás eliminar a cantidade, é dicir, o número destes obxectos.

Hai unha estreita relación entre o número e a sincronía, porque ambos están revestidos de sacralidade e misterio. O número está sempre presente en calquera sincronía, en calquera forma: cantidade, data ou outra; adoita ocultarse baixo expresións como "moito", "pouco", "moi grande", "infinito".

Cada obxecto pódese considerar na súa unidade ou na súa multiplicidade. É o número que establece unha orde precisa, polo tanto crea xerarquía, estrutura, coherencia, organización, claridade.

O número considérase como un dos principais arquetipos, e Jung chámao arquetipo da orde. De feito, crea disciplina no caos; permítenos establecer e captar unha regularidade que existe a priori do noso exame, aínda cando, tras a comprobación inicial, estaría ausente.

O número é entón o elemento que crea orde no espírito dende o inicio da humanidade, polo tanto o máis próximo e intuitivo para a intelixencia humana. Un exemplo poden ser representados polos debuxos presentes nas covas do Paleolítico. Xunto a cadros que representan bisontes, cabalos, rinocerontes e outras especies animais, tamén se atoparon pegadas de mans realizadas con ocre amarelo ou vermello. As máis coñecidas son as situadas nas "Cuevas de las manos pintas" situadas na Patagonia, no Río Chubut.

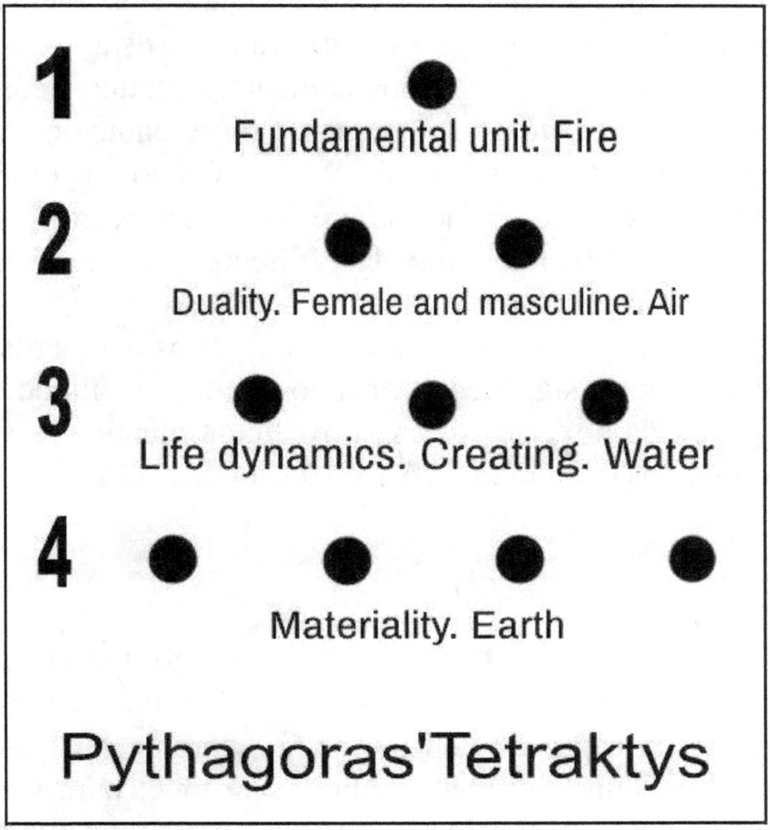

Figura 19 - A Tetraktys ou número cuaternario representaba para os pitagóricos a secuencia aritmética dos catro primeiros números naturais, ou máis precisamente os enteiros positivos.

1. Unidade fundamental. Lume.

2. Dualidade. Feminino e masculino. O aire.

3. Dinámica da vida. A creación. A auga.

4. Materialidade. A terra.

As citas sitúan estas pegadas de mans hai polo menos 14.000 anos. Estas son mans cos dedos separados. Máis aló da mensaxe que o artista quixo transmitir, e que probablemente, segundo os antropólogos, nunca saberemos, a representación do número cinco salta á vista. Como ocorre normalmente e como suxire Occam's Razor, a interpretación máis sinxela e directa é a miúdo a máis correcta.

Na tradición máis antiga todos os números cobraron un significado místico e unha sacralidade que aínda hoxe se conserva; particularmente, crese que todos os números do 1 ao 9 son "sagrados".

A Tetraktys dos pitagóricos.

Pitágoras, filósofo e matemático grego que viviu no século VI. B.C., entendeu as matemáticas como a ciencia capaz de poñer orde no aparente caos do mundo. Fundou unha escola en Crotone; para ser admitidos, os estudantes tiveron que xurar polo Tetractys:

"Xúroo, por quen transmitiu á nosa alma os Tetractys no que se atopa a fonte e a raíz da natureza eterna...".

A Tetraktys representa a secuencia aritmética dos catro primeiros números enteiros positivos (Fig. 19). Estes números están dispostos na forma xeométrica dun triángulo equilátero cun lado "catro", formando así unha pirámide que resume a relación entre eles e dez. De feito, segundo a chamada suma teosófica, 1

+ 2 + 3 + 4 = 10. Pola súa banda, 10 refírese á unidade sumando 1 + 0 = 1.

Os catro niveis da Tetraktys corresponden aos principios cosmogónicos e aos catro elementos da natureza.

A sección áurea.

Algúns números son realmente especiais, como o número 1.618. Este valor indica a relación ideal (teña en conta, por exemplo, a relación entre o ancho e o alto dun marco de fotos estándar) e a súa fórmula é:

$\sqrt{5} + 1) /2 = 1{,}618...$

Normalmente indícase coa letra grega Fi Φ e chámase Número de Ouro, ou Proporción Áurea, ou Sección Áurea, ou Constante de Fidia. Platón, que a menciona na súa obra Timeo, fala dela como a clave física do Cosmos. Na Idade Media a proporción áurea foi retomada polo pisano Leonardo Fibonacci, polo que hoxe se coñece especialmente como Serie de Fibonacci (fig.20).

A serie de Fibonacci é unha secuencia de números enteiros positivos na que cada número, a partir do terceiro número, é a suma dos dous anteriores e os dous primeiros son iguais a 1.

Entón, a serie está representada polos números:

1, 1, 2, 3, 5, 8, 13, 21, 34, 55, 89.144, 233, 377, 610...

e pode continuar para sempre. En realidade, a intención de Fibonacci ao elaborar esta serie era atopar unha lei matemática que describira o crecemento dunha poboación de coellos. Non imaxinaba descubrir unha das marabillosas regras naturais do Cosmos. De feito, a serie de Fibonacci está presente en practicamente todos os elementos da natureza e revela un proxecto dunha elegancia incrible.

Entre a lonxitude do brazo e o antebrazo dun home adulto a proporción é "dourada", así como entre a lonxitude da perna e a súa parte inferior. A mesma proporción áurea tamén se atopa entre as falanxes dos dedos medio e anular.

As propiedades matemáticas e xeométricas da sección áurea que se repiten con incrible constancia nos máis diversos contextos naturais son unha confirmación da existencia dunha estreita relación entre unha "Entidade Creativa" e a creación. O azar certamente non tería conducido a tal regularidade de perfección e beleza.

Cando o número revela un contido como a sección áurea, demostra ser o instrumento e mediador dunha relación entre o todo e a parte, así como entre cada parte maior e a súa respectiva parte menor.

Ninguén nega a existencia, nesta configuración natural, dun ideal de beleza e harmonía, que xustifica sobradamente as denominacións de "Aurea" e "Divina".

En botánica, quizais o exemplo máis significativo de presenza efectiva da sección áurea está representado pola disposición xeométrica das follas e inflorescencias dalgunhas plantas.

Cara a mediados do 1800, Auguste Bravais, un botánico francés, nunha serie de estudos realizados co seu irmán Louis, observou que en moitas plantas as follas están dispostas sobre o talo segundo unha espiral na que o ángulo entre dúas follas sucesivas é. case constante e é duns 137,5º, correspondente ao ángulo áureo. Esta disposición garante o acceso e o uso óptimo de cada folla á luz solar.

Pero hai moitos exemplos presentes na natureza. Por exemplo, o número de pétalos de flores adoita ser equivalente a un valor da serie de Fibonacci. Por exemplo, moitos, como as iridaceae e os lirios, teñen tres. A rosa canina ten cinco ou oito, como o ranúnculo e a plumeria. Moitas margaridas teñen 13, polo que a pregunta "que me quere" ou "non me quere" case sempre remata de forma consoladora, confirmando "que me quere". Isto tamén ocorre cando se usa a "margarida do prado" que ten 21 pétalos. As asteraceae, un amplo grupo botánico que inclúe, entre outras cousas, xirasoles, xerberas e crisantemos, teñen 34, 55 ou 89, mentres que a chicoria común, que pertence á mesma familia, ten 21.

Todos son números que forman parte da serie de Fibonacci. Incrible como expresións naturais que un desexaría que foran xeradas por casualidade teñen todas as características matemáticas inspiradas nunha única fonte.

Ademais das formas anatómicas humanas, como xa se dixo, tamén as de moitos animais como as estrelas de mar están inspiradas na sección áurea; dun xeito absolutamente evidente as criaturas en forma de espiral fano, como suxire a cuncha do Nautilus. Pero aínda non é suficiente: a estas alturas xa non debería sorprendernos que as formas da Vía Láctea e doutras galaxias tamén se inspiren na sección áurea.

No campo da medicina realizáronse importantes descubrimentos no estudo do movemento humano. Por exemplo, en 2013 confirmouse que ao andar a relación entre a fase de "posición" (apoio) e a fase de "swing" (cando o pé avanza sen tocar aínda o chan) é igual á proporción áurea.

A maldición da novena sinfonía.

De feito, moitos asocian o número nove coa morte. Esta correlación negativa comezou a cobrar forza cando Gustav Mahler morreu en 1911; acababa de completar a súa 9a sinfonía "Das Lied von der Erde" (Canción da Terra) e axiña traballaba o día 10, coa esperanza de escapar do destino de Beethoven que morreu pouco despois de completar a súa 9a sinfonía (Sinfonía Coral).

A maldición da Novena Sinfonía nace e estendeuse entre 1800 e 1900 e aínda persiste en referencia ao feito de que moitos compositores morreron despois de compoñera. Entre as vítimas máis famosas, ademais de Mahler e Beethoven, podemos mencionar:

- Louis Spohr, ou Ludwig Spohr (Braunschweig, 5 de abril de 1784 - Kassel, 22 de outubro de 1859) compositor, violinista e director de orquesta alemán.
- Franz Schubert (Viena, 31 de xaneiro de 1797 - Viena, 19 de novembro de 1828) Compositor e pianista austríaco da época romántica.
- Antonín Dvořák (Nelahozeves, 8 de setembro de 1841 - Praga, 1 de maio de 1904) Compositor checo.
- Ralph Vaughan Williams (Down Ampney, 12 de outubro de 1872 - Londres, 26 de agosto de 1958) Compositor británico, autor de sinfonías, música de cámara, óperas, música coral e bandas sonoras.
- Joseph Anton Bruckner (Ansfelden, 4 de setembro de 1824 - Viena, 11 de outubro de 1896) compositor austríaco.
- Kurt Atterberg (Gotemburgo, 12 de decembro de 1887 - Estocolmo, 15 de febreiro de 1974) compositor, director e crítico musical sueco.
- Elie Siegmeister (Nova York, 15 de xaneiro de 1909 - Manhasset, 10 de marzo de 1991) Compositor, profesor de música e director de orquestra estadounidense.
- Roger Sessions (Brooklyn, 28 de decembro de 1896 - Princeton, 16 de marzo de 1985) Compositor, crítico musical e académico estadounidense.
- Egon Joseph Wellesz (Viena, 21 de outubro de 1885 - Oxford, 9 de novembro de 1974) é un musicólogo, compositor e profesor austríaco.
- Peter Mennin (Erie, Pensilvania, 17 de maio de 1923 - Nova York, 17 de xuño de 1983) importante compositor estadounidense de orixe italiana.

- Sir Malcolm Henry Arnold (Northampton, 21 de outubro de 1921 - Norwich, 23 de setembro de 2006) compositor británico.

Nun ensaio sobre Mahler, Arnold Schoenberg escribiu:

> "É coma se a Novena Sinfonía fose unha limitación. Quen queira superalo debe morrer. Parece que algo se nos está a comunicar a través da Décima Sinfonía. É algo que non podemos saber agora, ou non estamos preparados para coñecelo. Aqueles que escribiron a Novena Sinfonía achegáronse demasiado ao que chamamos o "Alén".

O Clube dos 27.

A expresión inglesa "Club 27" refírese a artistas, na súa maioría cantantes de rock, que morreron aos 27 anos. A expresión "Maldición de J27" tamén se usa a miúdo, referíndose ao feito de que o seu nome ou apelido comeza coa letra J.

Esta crenza xurdiu tras a morte de Jimi Hendrix, Janis Joplin e Jim Morrison. Moitos cren que o primeiro artista en caer vítima da maldición foi Robert Johnson que, segundo a lenda, vendeu a súa alma ao diaño para acadar o éxito. Outros outorgan a medalla de primeiro membro do Club a Alexandre Levy, que morreu aos 27 anos en 1892.

En 2009, no 15 aniversario da morte de Kurt Cobain, Robert Smith da National Public Radio dixo: "A morte destas estrelas de rock aos 27 anos realmente revolucionaron a forma en que miramos o rock".

De feito, a morte de moitos artistas a unha idade tan nova pódese remontar ao abuso de alcohol ou drogas, accidentes de tráfico ou mesmo suicidio.

Aquí tes algúns membros do Club 27:

- Jim Morrison, (8 de decembro de 1943 - 3 de xullo de 1971), poeta, autor e caixeiro, faleceu oficialmente dun paro cardíaco (pero nunca se realizou unha autopsia).
- Amy Winehouse, (14 de setembro de 1983 - 23 de xullo de 2011) cantante e compositora, morreu por un suposto abuso de alcohol.
- Brian Jones, (28 de febreiro de 1942 - 3 de xullo de 1969) fundador dos Rolling Stones. Morreu afogado na piscina da súa vila.
- Janis Joplin, (19 de xaneiro de 1943 - 4 de outubro de 1970) cantante e compositora de Big Brother e The Holding Company. Morreu por unha sobredose de heroína.
- Jimi Hendrix, (27 de novembro de 1942 – 18 de setembro de 1970) Pioneiro e virtuoso da guitarra eléctrica. Morreu asfixiado polo vómito tras a inxestión de alcol e tranquilizantes.
- Kurt Cobain, (20 de febreiro de 1967 - 5 de abril de 1994) cantante e guitarrista de Nirvana. Morreu por suicidio.

- Kim Jong-yun, (8 de abril de 1990 - 18 de decembro de 2017) compositor e cantante principal do grupo de K-Pop SHINee. Morreu por suicidio.

- Robert Leroy Johnson (8 de maio de 1911 – 16 de agosto de 1938) cantautor e guitarrista estadounidense. Morreu por causas non especificadas.

- Cecilia, Evangelina Sobredo Galanes (11 de outubro de 1948 – 2 de agosto de 1976), cantautora española, dedicada ao xénero pop. Morre nun accidente de tráfico.

- Chris Bell (12 de xaneiro de 1951 - 27 de decembro de 1978) cantante e guitarrista. Morre nun accidente de tráfico.

- Alexandre Levy (10 de novembro de 1864 - 17 de xaneiro de 1892) brasileiro, pioneiro da fusión entre a composición clásica e os ritmos populares do Brasil. Crese que é o primeiro membro coñecido do Club 27. Morreu por causas sen especificar.

Wolfgang Pauli e o número 137.

Wolfgang Pauli, físico e premio Nobel, mantivo unha longa relación con Carl Jung, inicialmente con fins terapéuticos e despois por interese científico. Hai documentación dun longo intercambio de cartas entre os dous científicos. A Pauli gustaríalle crear unha teoría psicofísica que unise a materia e a psique. Despois de todo, Pauli continuou desafiando a si mesmo cos seus soños que parecían ser unha guía eficaz para el.

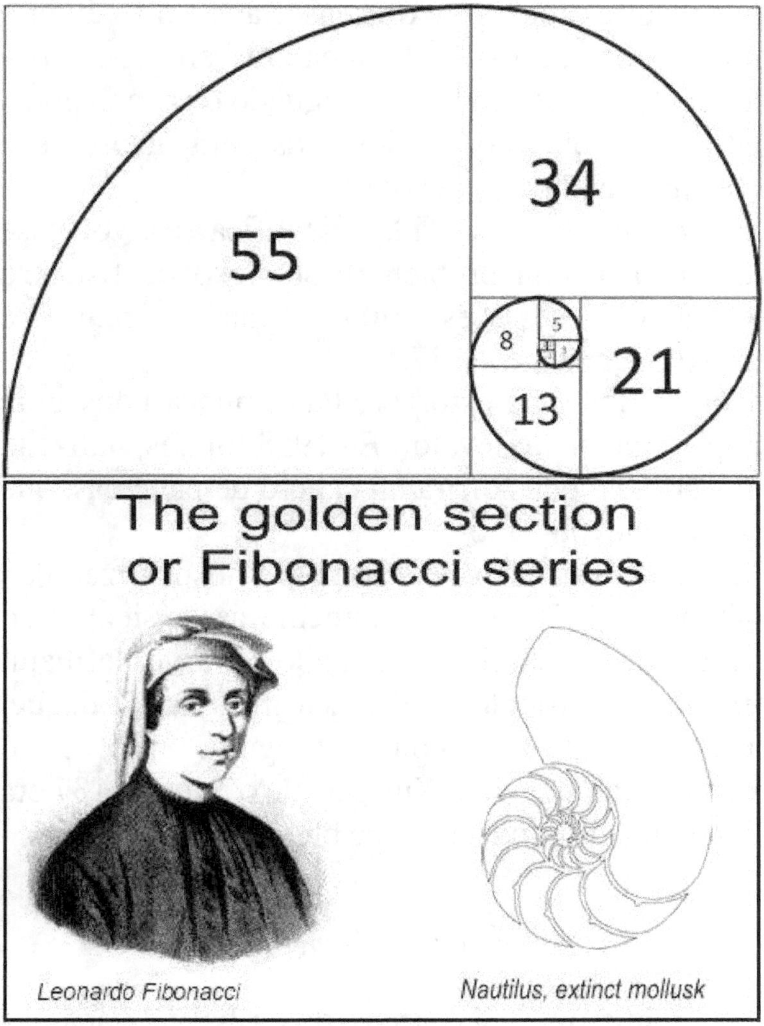

Figura 20. Sección áurea de Leonardo Fibonacci.

A pesar da mentalidade científica non estaba exento de manifestacións extrasensoriais: no ámbito universitario no que traballaba era ben coñecido o denominado “efecto Pauli”, segundo o cal non podía entrar nos laboratorios dos seus compañeiros sen que algún equipo se avariase.
Ao longo da súa vida científica estivo case obsesionado cun problema complexo de física, a constante de estrutura fina, igual a aproximadamente 1/137.
A pesar dos seus esforzos, Pauli nunca conseguiu atopar a razón dese valor. En 1958 foi hospitalizado en Zúric, xa que sufrira un cancro de páncreas, que axiña lle levou á morte.
Para a súa gran sorpresa atopouse hospitalizado na habitación 137 e inmediatamente así o sinalou ao seu axudante Charles Enz cando foi a verlle. Pauli díxolle ao asistente que nunca máis sairía daquel cuarto, igual que non conseguira resolver o problema da súa vida. Xulgou que o número 137 era como unha trampa para el, e efectivamente o foi.

O número 108 na cultura oriental.

O número 108 naceu de 12x9 e aparece constantemente na cultura oriental. En particular, aquí tes algunhas ocorrencias do número 108 ou dos seus múltiplos e submúltiplos:

- É o número de contas do Mala ou "rosario indio" e do budista Akṣamālā.
- É o número de pecados no budismo tibetano.

- As divindades hindús teñen 108 nomes que se poden recitar contando as 108 contas do Mala.
- O Rig Veda ten 10.800 versos.
- Os libros sagrados tibetanos do Khagiur constan de 108 volumes.
- No Śrīmad Bhāgavatam, Krishna descríbese como bailando con 108 pastoras e, posteriormente, casando con 16.108 esposas.
- No Shaivismo, Shiva Nataraja é representado realizando a súa danza cósmica en 108 poses.
- En Xapón, a finais de ano, tócase 108 veces unha campá para saudar o novo ano.
- As tentacións que unha persoa debe resistir para chegar ao Nirvana son 108.
- O templo de Baalbek, en Fenicia, tiña 54 columnas.
- Na cidade santa de Lashanmjh, no Tíbet, había 108 templos.
- Angkor Vat, Cambodia, ten 54 torres, 108 estatuas que bordean a calzada e 540 estatuas de divindades.
- Hai 108 estrelas consideradas sagradas na astroloxía chinesa.
- A duración do reinado antediluviano na mitoloxía sumeria foi de 108.000 anos.

Como curiosidade, engadimos que 108 é o número de pretendentes de Penélope, muller de Ulises, na Odisea de Homero.

Número 666.

Non podemos rematar esta recensión sobre números sagrados ou significativos sen mencionar o número 666. Aparece nun fragmento do Novo Testamento, no Apocalipse de Xoán, e fai referencia a unha “Besta” que nace do mar e arrasa a Terra. En particular, na época contemporánea, o número converteuse nun símbolo do Diaño.

Como curiosidade, informo dunha noticia publicada pola Associated Press o 2 de novembro de 1996. Segundo a axencia, 436 habitantes da cidade de Madison acordaran xogar a combinación dos tres números 666 nunha lotería local chamada "Luck Devils". ". Isto aconteceu con motivo da festa de Halloween. Incrible pero certo, os xogadores gañaron a suma de 1800 dólares. Pola difusión desta noticia parece que moitos outros o intentaron.

O determinismo da morte e da resurrección.

Se alguén lle pregunta a un filósofo experimentado que libros ler, o filósofo debería responder:
"Que filosofía queres? Sei o que buscas. Queres unha doutrina filosófica que confirme as túas crenzas.
Que queres? Deus ou átomos? Liberdade ou determinismo?
Dime. Na miña farmacia teño todas estas cousas.
Podo darche un ou outro, segundo o teu desexo".
(Giuseppe Rensi, filósofo e avogado italiano)

Xustiza Divina no municipio de Drynor.

En 1836, Davy Crockett, un heroe popular do Extremo Oeste americano, mentres viaxaba para unirse ao exército de Texas en San Antonio, acampou nun bosque na beira de Honey Grove Creek, un pequeno río de só 11 millas de lonxitude. Este río pasa polo condado de Fannin en Texas. Esa noite, Davy escribiu unha carta na que describiu con entusiasmo o lugar, chamado Honey Grove pola abundancia de favos que as abellas salvaxes creaban nas árbores ocas.

Crockett promoveu posteriormente o nacemento, nese lugar, dunha cidade co mesmo nome. En 1842 instalouse alí o seu amigo Samuel Erwin, o primeiro colono. O propio Crockett realizou a voda de Erwin. Posteriormente a localidade converteuse nun pequeno centro en expansión ata constituírse en cidade en 1873; o comercio, o cultivo de algodón e outras actividades permitíronlle crecer ata os poucos miles de habitantes, o que favoreceu a existencia dun xornal local de catro páxinas, o "Honey Grove Signal".

A edición do 31 de marzo de 1905 desta revista detalla un acontecemento que se converteu nun clásico na literatura de acontecementos estraños e misteriosos, coñecido xeralmente como "o caso da bala con destino asignado". Hai varias versións, pero a reportaxe do xornal permítenos reconstruír a máis veraz.

O artigo aparece nunha columna da segunda páxina, co título “Máis sorprendente que unha película. Unha bala vinga a unha nena vinte anos despois da súa morte”.

As palabras iniciais do artigo ("Ocorreu un marabilloso caso de castigo na terra polos pecados da carne...") describen ben o ambiente cultural no que se produciu o feito e a interpretación que se deu.

O artigo detalla a morte accidental dun tal Henry Ziegland, un veciño do municipio de Drynor, un grupo de casas situadas preto de Honey Grove. A crónica da súa morte carecería de interese se non a conectamos cun trasfondo que se remonta a vinte anos antes.

En 1885 Henry Ziegland era un mozo adiñeirado dedicado a todas as actividades agradables propias dos mozos de todos os tempos, como o cortexo das nenas.

Por desgraza, para el, o ambiente e a moral actuais non se inclinaban a favorecer as aventuras pasaxeiras. Por este motivo, cando cortexou a unha moza local, Maysie Tinchor, ela sucumbiu aos seus halagos só de acordo cunha promesa de matrimonio. Por desgraza, Henry, obtido o froito dos seus desexos, despediu bruscamente á moza.

A dor e a conciencia de ter sido enganada foron inmensas para a moza Maysie. A pobre rapaza quitouse a vida.

Por suposto, non podía rematar así. Filford, o irmán novo de Maysie, angustiado polo suicidio da súa irmá, decidiu enfrontarse a Henry.

Precipitouse á casa do traidor pero antes, con excesiva impulsividade, levou consigo un vello mosquete militar capaz de disparar unha soa bala.

Os dous homes enfrontáronse. Henry, que era máis vello e corpulento que o home máis novo, non era de ningún xeito conciliador. Henry falou palabras ferintes a Filford e Maysie. Ademais, Henry mofábase do mosquete que Filford tiña nas súas mans.

Cegado polo odio e a desesperación, Filford perdeu o control da razón, levantou o canón do seu mosquete e disparou o único disparo en dirección ao seu opoñente. Instantáneamente, Filford viu un gran chorro de sangue da cabeza de Henry.

Filford pensou que o matara e fuxiu. Decatouse de que arruinara completamente a súa familia. Desesperado, Filford cargou o mosquete con outra bala e quitou a vida.

HONEY GROVE SIGNAL.

DR. PRICE'S CREAM BAKING POWDER

Ayer's Cherry Pectoral

Coughs, Colds

CROOK-RECORD CO.

PARIS, TEXAS.

The Fashion Event

Spring Opening

Millinery, Tailored Suits, Wraps, Skirts, Shirtwaists, Gloves, Hose, Corsets, Underw'r

Wednesday, April 5

Special Bargain Prices

Figura 21 - Edición do 31 de marzo de 1905 do Honey Grove Signal, que informa nunha columna da segunda páxina do caso da morte de Henry Ziegland ocorrido en estrañas circunstancias. A morte de Ziegalnd lembra un trasfondo que se remonta a vinte anos antes.

Porén, as cousas non saíran como el pensaba: a bala só rozara a tempe de Henrique, e quedara metida no tronco da árbore detrás del. Henrique, coa sorte que moitas veces favorecía aos malvados, salvouse ao sufrir unha ferida da carne que cicatrizaba en pouco tempo.

Non sabemos se nos anos seguintes chegou a arrepentirse de todo o mal derivado do seu comportamento, probablemente non. Fixo prosperar o seu negocio e casou cunha viúva adiñeirada coa que tivo un fillo. Isto creceu e, en previsión da súa voda, Henry decidiu ampliar a casa para acoller e manter a nova familia preto, construíndo unha nova á xusto en dirección á árbore alcanzada vinte anos antes pola bala. Para conseguir o espazo necesario Henry decidiu cortar a árbore. Sigamos a historia tal e como recolle o xornal "Honey Grove Signal":

> "Henry e o seu fillo cortaron a árbore na que entrara a bala de Filford Tinchor, e tentaron partila en anacos. A madeira era tan dura que os machados e as cuñas non tiñan efecto, polo que decidiron introducir pequenas cargas de dinamita nos buratos naturais do tronco. Unha explosión esnaquizou o tronco da árbore. A forza da dinamita expulsou a vella bala.
>
> Cunha forza extraordinaria, a bala alcanzou a tempe esquerda de Henry Ziegland e causou a súa morte instantánea".

O editor que comezou o artigo coas palabras “Un caso marabilloso de castigo na terra polos pecados da carne” conclúe así: “Na tumba dos irmáns Tinchor só hai po e silencio. Con todo, a bala, coa que Filford quería vingar os seus males, fixo hoxe o seu traballo

Hai xustiza divina?

A crónica do "Honey Grove Signal" suscita unha pregunta tan antiga como o mundo. Existe unha xustiza retributiva divina? ¿Debemos crer nunha "entidade superior" que interveña con criterios de equidade para reequilibrar o destino dos oprimidos?

A pregunta é moi discutible. De feito, aínda que tal institución operase neste sentido, primeiro deberiamos establecer cal era a idea de xustiza desta institución. Coincidiría a súa opinión coa nosa?

Dende o punto de vista da filosofía da ciencia esta idea é completamente absurda. Os acontecementos que implican á humanidade deben ser avaliados co criterio determinista.

O determinismo identifica unha explicación física para calquera fenómeno, asumindo que a cadea causa-efecto debe ser sempre válida. A consecuencia é que todo o que acontece nunca se debe ao azar, senón que está determinado polas leis físicas que dominan o universo. Estas leis son ben coñecidas baixo o nome de interaccións fundamentais. Son as forzas da natureza as que nos permiten describir os fenómenos físicos, e ata a data identificáronse basicamente catro. Son a forza da gravidade, a forza electromagnética, a forza nuclear débil e a forza nuclear forte.

A xustiza divina non se pode clasificar en ningunha das catro forzas fundamentais, polo tanto, para o determinismo, unha xustiza rexida por unha "entidade superior" que interveña para pagar as boas ou malas accións é unha hipótese completamente absurda. Henry Ziegland morreu simplemente porque tivo a desafortunada idea de usar dinamita, polo que se desprende que a causa de todo reside na súa imprudencia. Punto.

Ademais, en base ao principio determinista, se realmente existise a xustiza divina, tería que intervir todo o tempo, non só de cando en vez.

Estas consideracións lévannos a unha encrucillada: ou a xustiza divina non existe, ou o principio determinista é falso.

A "aleatoriedade" e o "signo sobrenatural".

Podemos profundizar mellor no concepto tendo en conta as curacións físicas que teñen lugar en lugares milagrosos. Ao contrario do que moitos cren, estes lugares non son só católicos.

Por exemplo, a mesquita Jamkaran, sagrada para os xiítas, está situada a seis quilómetros ao leste da cidade santa de Qom, en Irán. Os custodios da mesquita constituíron desde 1998 unha comisión para examinar as prodixiosas curacións que se producen nese santuario e que figuran nun rexistro especial.

Tamén hai que mencionar moitos lugares “pagáns”, como por exemplo unha gran cantidade de mananciais ou rochas con propiedades taumatúrxicas, como moitos dolmens e menhires aos que aínda hoxe se lles atribúe poderes propiciadores da fertilidade.

Na cultura dos indios americanos hai rodas de medicina que evocan non tanto o concepto de curación do corpo como a curación espiritual e o poder que se obtén do coñecemento dos segredos do universo.

Unha das máis antigas Medicine Wheels atópase nas montañas Big Horn en Wyoming, e crese que foi fabricada hai entre 200 e 500 anos. Está feita con pedras brancas dispostas en círculo dun diámetro de 28 metros. A forma circular simboliza o movemento, o paso do tempo, a vida e as estacións. No centro da Roda hai unha cruz, símbolo do "Gran Espírito" e da "Árbore Cósmica" que ten as súas raíces na Terra e as súas pólas chegan ao ceo e ás catro direccións.

Despois están os lugares de curación puramente psíquicos, como os territorios fantásticos destino das viaxes chamánicas, onde o curandeiro vai loitar contra as forzas que teñen como refén a saúde das vítimas afectadas polas máis diversas doenzas.

Por suposto, tamén hai moitos lugares cristiáns, coñecidos polas curacións milagrosas que alí se producen. O máis coñecido é o santuario francés de Lourdes dedicado á Virxe María. Refírome a este santuario porque aquí se estableceu dende hai moito tempo unha comisión médica, tamén formada por científicos non crentes, que certifica con absoluta parsimonia curacións inexplicables.

Moitas curacións de patoloxías graves ou moi graves teñen lugar a través da inmersión na auga da Gruta de Massabielle, que lembra de preto o rito bautismal cristián co que, mediante unha morte e resurrección simbólicas, un é lavado de todo pecado e, por extensión, de toda enfermidade porque, como di San Paulo, a morte entrou no mundo por mor do pecado.

Lémbrovos que mesmo o arquetipo jungiano da auga, a pesar de ter un dobre sentido, nos seus aspectos positivos pode ser portador de vida en rexións áridas e desertas da Terra, e por extensión en situacións de sufrimento humano físico e espiritual.

Lourdes pódese definir como un "lugar milagroso" porque o número de curacións certificadas que se producen alí é estatisticamente superior ás que se dan noutros lugares. Sandro De Franciscis, presidente do "Bureau des observations médicales" de Lourdes desde 2009, afirmou que en 150 anos documentáronse preto de 7.500 curas inexplicables, aínda que só 70 delas foron recoñecidas pola Igrexa católica como milagres. É evidente a moi sensible variación estatística entre o número de curacións que se produciron neste lugar en comparación coa relativa a lugares distintos ou “ordinarios”.

O problema é que non todos se recuperan das súas enfermidades. A pesar diso, as curacións inexplicables de Lourdes son suficientes para socavar seriamente o dogma materialista do determinismo: o seu número extraordinario suxire que pode haber un fallo nesa teoría. Moitos científicos formularon unha obxección. Segundo esta tese, os milagres non son tales, senón que son as consecuencias normais das leis físicas que aínda non foron demostradas. Pero esta obxección non ten ningún mérito. Así mesmo, os crentes poden afirmar que as curacións milagrosas son consecuencia directa da vontade divina, aínda que aínda non se demostrou a existencia de Deus.

Naturalmente, hai que recoñecer que se todas as persoas que se mergullan nas tinas de Lourdes se curasen das súas doenzas, caeríamos nunha forma recíproca de determinismo, é dicir, acabaríamos confirmando a teoría que queremos refutar.

A explicación que se dá a esta oposición de conceptos é ben sinxela: as curacións milagrosas hai que interpretalas como signos, é dicir, como indicadores dunha realidade que supera o determinismo pero sen negalo. Se na súa realidade cotiá o home está suxeito ás regras deterministas que fan funcionar o mundo, iso non impide a existencia dun nivel superior capaz de transcender estas regras. É un poder que se manifesta de cando en vez, o suficiente para sinalar a súa presenza á conciencia da humanidade.

Polo tanto, as curacións milagrosas non se deben a leis físicas aínda descoñecidas, nin ao simple azar, senón que serían signos da presenza dunha "Conciencia Universal" capaz de transcender as súas propias leis. Este concepto absurdo pode facernos máis familiar cando examinamos o comportamento da materia a nivel subatómico, descubrindo que nese nivel de realidade se ignoran todas as leis físicas subxacentes ao determinismo. A mesma materia que a nivel macroscópico, é dicir, no noso nivel de existencia, obedece ás forzas fundamentais da física determinista, no seu nivel máis íntimo ignóraas, renegalas e deformalas.

É posible, polo tanto, que o determinismo sexa respectado e violado ao mesmo tempo. É posible que as leis deterministas afirmen con certeza que certa enfermidade incurable leva á morte e, ao mesmo tempo, a un nivel diferente, interveña unha forza non determinista para desautorizar este principio producindo a curación.

Xa que vivimos a nivel de leis deterministas é natural que estas, ao noso nivel, sexan en definitiva máis fortes.

Hai unha lei determinista que nin sequera as persoas curadas milagrosamente non escapan. Sabemos moi ben que ata as persoas que se curan milagrosamente acabarán por morrer.

Case todas as relixións e moitas filosofías, porén, contestan o determinismo da morte configurando realidades transcendentes, capaces de situar a vida nun nivel diferente e eterno. A principal festa cristiá é a Pascua, que celebra a morte e resurrección de Xesucristo, unha promesa da futura resurrección e da vida eterna á que están destinados todos os crentes.

Outras relixións cren na reencarnación, é dicir, nunha resurrección cíclica que culmina na consecución da perfección, estado no que a morte deixa de existir. Segundo a concepción do budismo clásico o que importa é a liberación da dor da existencia. A felicidade, é dicir, o nirvana, é o fin dos continuos renacementos, a nada.

Nos textos rabínicos, o paraíso descríbese como un recinto de rosas e mirtos, un lugar espiritual no medio do cal se alza a Árbore da Vida. No Corán, os musulmáns piadosos de ambos sexos entran nun xardín de praceres: o clima é bo, a auga é abundante e tamén a froita, a carne e o mel.

Podemos crer na resurrección?

Na concepción de moitas relixións, é posible volver á vida despois da morte e esta idea non é tan estraña como podería parecer. Púxose de moda, incluso entre os científicos menos relixiosos, dicir que "somos fillos das estrelas". De feito, non hai dúbidas científicas sobre o feito de que os nosos corpos están compostos por átomos que, despois de formarse nos fornos das primeiras estrelas, estendéronse por todo o universo reconfigurando-se en infinitas expresións da creación. Os átomos pasan a formar parte doutras estrelas, planetas ou minerais e vexetais, e tamén forman parte dos corpos dos seres vivos.

Cada átomo do noso corpo formou parte doutras infinitas expresións da materia. Polo que se refire aos átomos, poderiamos falar, polo tanto, de "inmortalidade" (polo menos mentres dure o universo) ou de reencarnación. Nun sentido máis amplo tamén de resurrección, se consideramos a morte do organismo ao que pertencen e o "renacemento" como parte dun organismo diferente.

Por suposto, non é o tipo de resurrección que agardaríamos: a todos nos gustaría resucitar nun corpo que manteña as características e sobre todo a conciencia da vida anteriormente vivida. É dicir, gustaríanos transferir a conciencia do corpo anterior ao corpo novo.

Depende de como vemos a conciencia.

Segundo a concepción materialista, a conciencia é só un subproduto da actividade do cerebro, un epifenómeno producido polas interaccións electroquímicas que teñen lugar na masa cerebral; en consecuencia, cando o cerebro morre e cae en decadencia, mesmo a conciencia, que nunca existiría, "morre" con el.

Segundo moitas interpretacións filosóficas e relixiosas, con todo, a conciencia é pura psique que transcende o cerebro. Non só non se limita á caixa do cerebro, senón que se estende por todo o cosmos, interactuando libre e independentemente con outras conciencias e cunha "consciencia universal". Neste sentido, a conciencia tamén podería ser o vínculo informativo que une todos os átomos do noso corpo, ou mellor dito o proxecto segundo o cal se lles fai posible dispor e asumir funcións como a de obter como resultado o noso corpo tal e como é, con dúas mans en lugar de catro e con pegadas dixitais como ningún outro ser humano.

Se os átomos do noso corpo conservasen a memoria da súa pertenza a este proxecto, esta memoria sería inmortal, a nosa conciencia sería inmortal e en certo sentido o noso corpo sería inmortal.

O problema da entropía.

Despois de todo, por que morremos? Todo depende dunha lei chamada entropía ou, máis tecnicamente, da "segunda lei da termodinámica". En pocas palabras, a entropía significa que se rompes un vidro podes romper cada peza en sub-pezas máis, e despois cada sub-peza en sub-sub-pezas posteriores, pero nunca poderás restaurar o vidro ao seu estado orixinal de integridade. . Así mesmo, se preparas un ovo revolto xa non terás xeito de reconstituír o ovo enteiro, sobre todo cando o teñas cocido.

Todos temos unha percepción moi forte da direccionalidade do tempo, e aceptamos que flúe só nunha dirección. Aceptamos a dirección "adiante" do tempo, pero é difícil imaxinar a dirección inversa. Isto certamente depende do feito de que a dirección recta é aquela na que opera a causalidade. Supoñemos que as causas preceden aos seus efectos. Non pode ocorrer un suceso que non fose causado por outro, que ocorreu con anterioridade. Nunca sucederá que alguén poida coller mazás sen que alguén plante primeiro a árbore.

A entropía está ligada ao paso do tempo, e augura que todo vai cara ao deterioro, xa que o tempo só se move nunha dirección e non é posible "rebobinar a película" para volver a unha situación anterior. Hai unha regra implacable, precisamente a segunda lei da termodinámica, segundo a cal a entropía dun sistema pechado sempre aumenta. Por suposto, o universo é un sistema pechado.

O "retorno á vida" pode producirse de diferentes xeitos. Nalgúns casos, como na resurrección da carne propugnada polo cristianismo, o defunto volve á vida co mesmo aspecto que na vida anterior. Noutros casos afírmase que a volta á vida ten lugar no corpo doutro ser vivo, mesmo de distinta índole. Algunhas relixións predicen o fin da corporeidade pero o comezo dunha nova vida en forma de espírito puro.

Para os antigos exipcios, a verdadeira vida era a que seguía á morte; polo tanto, o corpo foi embalsamado para preservalo da corrupción. Esta práctica suxire que crían na resurrección no mesmo corpo e non na reencarnación nun corpo diferente. De feito, na mitoloxía do Antigo Exipto, o deus Osiris asasinado polo seu irmán Seth foi resucitado pola súa muller Isis e converteuse no rei do inframundo e no xuíz dos mortos.

Zoroastrismo, que foi a relixión máis estendida en Asia Central entre o século VI a.C. e o século X d.C baseándose nas ensinanzas do profeta Zaratustra, afirma que a resurrección corporal dos mortos ten lugar en vista do Xuízo final de Deus sobre o ben e o mal. Despois da morte, a alma do defunto pasa por unha ponte mentres os seus feitos, bos e malos, colócanse na balanza. Cando prevalecen as boas accións, a ponte parece ancha, se non, tórnase tan delgada como a folla dun coitelo. O resultado decreta o destino da alma en Garotman ou Paraíso, ou no peor lugar.

A mitoloxía grega conta en varios casos de personaxes que resucitan de entre os mortos, adquirindo ás veces a inmortalidade.

Tántalo destrozou a Pélope, o seu fillo aínda neno, e puxo a mesa dos deuses para comprobar se entendían que era carne humana. Cando Deméter xa comera un ombreiro, Zeus deuse conta do engano, recompuxo os membros de Pélope e resucitouno, substituíndo o ombreiro que faltaba por un de marfil.

Hipólito, fillo de Teseo e Hipólita, morreu mentres conducía o seu carro pero o médico Asclepio resucitouno coa axuda de Artemisa.

Despois de que Zeus traizoara a Hera con Sémele, e tralo nacemento de Dioniso, froito da traizón, Hera vingouse matando ao seu rival. Pero Dioniso, unha vez maior, conseguiu facerse inmortal, baixou ao Hades e resucitou á súa nai.

Reso, un mozo rei de Tracia que foi aliado de Príamo na guerra de Troia, foi asasinado no seu sono por Diomedes pero a súa nai, a musa Euterpe, conseguiu de Hades e Perséfone que o resucitasen e quedou satisfeita.

Un dos mitos platónicos conta a historia dun soldado de Panfilia caído na batalla, chamado Er, que resucita por vontade divina mentres o seu corpo está a piques de ser queimado na pira. Polo tanto, Er entrou en Hades a pesar de non ter sido enterrado aínda, e despois volveu á vida conservando todos os recordos da vida anterior.

O platonismo sostiña que as almas existían previamente nun mundo celeste, e convertéronse en cativas nun corpo humano no seu nacemento. Para liberarse, a alma tivo que someterse a un proceso de purificación consistente en sucesivas reencarnacións. Este pensamento platónico foi influenciado por escolas filosóficas máis antigas. Só despois do século III a.C. os neoplatónicos adoptaron unha visión da reencarnación inspirada no hindú.

As relixións misteriosas celebraban o ritmo cíclico da vida, a morte e o renacemento ligado principalmente ás estacións agrícolas e ás forzas da Natureza. Estas relixións non presupuñan a liberación da morte senón o renacemento continuo a unha nova vida despois de cada morte.

Os cínicos, segundo a tradición derivada de Dióxenes de Sinope e con referencia a Sócrates e ao semideus Heracles, practicaban cultos misteriosos que celebraban a morte e a resurrección.

Mani, un filósofo persa que viviu no século III, fundou unha relixión baseada en principios inspirados no cristianismo, o budismo, o mazdaísmo e o gnosticismo. Esta relixión quería explicar a orixe, composición e futuro do universo. Respecto da vida despois da morte, o maniqueísmo contemplaba tres destinos diferentes para o Perfecto, os Oíntes e os Pecadores. As almas dos Perfectos, despois da morte, serían recibidas por Xesús, e serían purificadas polo Sol, a Lúa e a Estrela. As súas "partículas de luz", liberadas, transformaríanse en divindades para ascender ao Primeiro Home e vivir ao seu carón.

O catarismo foi un movemento relixioso que se desenvolveu entre os séculos XII e XIV especialmente no sur de Francia. A teoloxía cátara era dualista: o mundo da materia era visto como "o Mal", mentres que o "Ben" só se podía atopar no ceo xunto a Deus.

A vida dos cátaros tiña por tanto como obxectivo levar a alma, considerada unha faísca divina do "Ben", cara ao Ceo.

Os cátaros aceptaron a idea da reencarnación, polo que aqueles que non lograsen a liberación nunha vida volverían nunha nova vida para continuar a batalla cara á Perfección. A reencarnación non sempre foi necesaria, pero en xeral si, tendo en conta que non todos poderían romper os lazos co Mal nunha soa vida. Isto explica que os cátaros, perseguidos polas cruzadas albixeses, se lanzaran espontaneamente ás piras e se deixaran queimar cantando.

As Testemuñas de Xehová cren na resurrección e nunha futura recompensa para os xustos, que se dividirán en dúas categorías:

- a primeira categoría está formada polo rabaño pequeno, formado por 144.000 escollidos que reinarán no Ceo xunto con Cristo sen corpo carnal, pero con espiritual;
- a segunda categoría inclúe a todos os demais servos de Deus que vivirán para sempre, cun corpo novo, nunha Terra transformada en Paraíso.

Os inxustos resucitarán neste Paraíso, pero sempre estarán suxeitos á segunda morte.

Segundo a fe islámica, a humanidade está condenada á morte e ao "Día do Xuízo". Neste día Allah ordenará aos seus Anxos que soen as trompetas que, ao primeiro toque, provocarán a aniquilación de todo ser. No segundo toque de trompeta todos os homes, sen excepción, resucitarán en corpo, alma e espírito, para ser xulgados e recompensados co Paraíso ou condenados ao inferno. O Día do Xuízo tamén se chama Yawm al-qiyāma (Día da Resurrección).

Reencarnación nas relixións orientais.

Nalgunhas relixións orientais, a resurrección adoita adoptar a forma de reencarnación, xa que os seus dogmas sosteñen que todo ser vivo, dende a formiga ata o elefante, por citar só algúns, é o portador do espírito ou da alma dun defunto.

A forma clásica da doutrina da reencarnación provén da India, onde foi elaborada en escritos brahmánicos no século IX a.C.

O concepto de reencarnación foi ampliado nas Upanishads despois do século VII. As Upanishads son textos relixiosos e filosóficos indios compostos en lingua sánscrita. O uso desta lingua permitiu que os textos fosen empregados por outras relixións orientais importantes como o budismo. Posteriormente, a reencarnación foi introducida polo taoísmo chinés, cara ao século III.

A resurrección no Novo Testamento

A fe na resurrección é proclamada no Evanxeo e reafirmada nos demais libros bíblicos, especialmente nos Feitos dos Apóstolos e nas Cartas de San Paulo, onde se afirma que a morte é "o salario do pecado".

Para o cristianismo, a morte de Xesús non foi simplemente o sacrificio dun home inocente, senón o acontecemento único e fundamental da salvación. Segundo a fe cristiá, Xesús volverá pronto e na súa resurrección todos os crentes resucitarán.

Figura 22 - Tao en chinés significa "camiño". Nas filosofías orientais o símbolo do tao, tamén coñecido como "yin e yang", representa o camiño, o devir de todas as cousas, que se consegue cun movemento que oscila entre dous extremos.

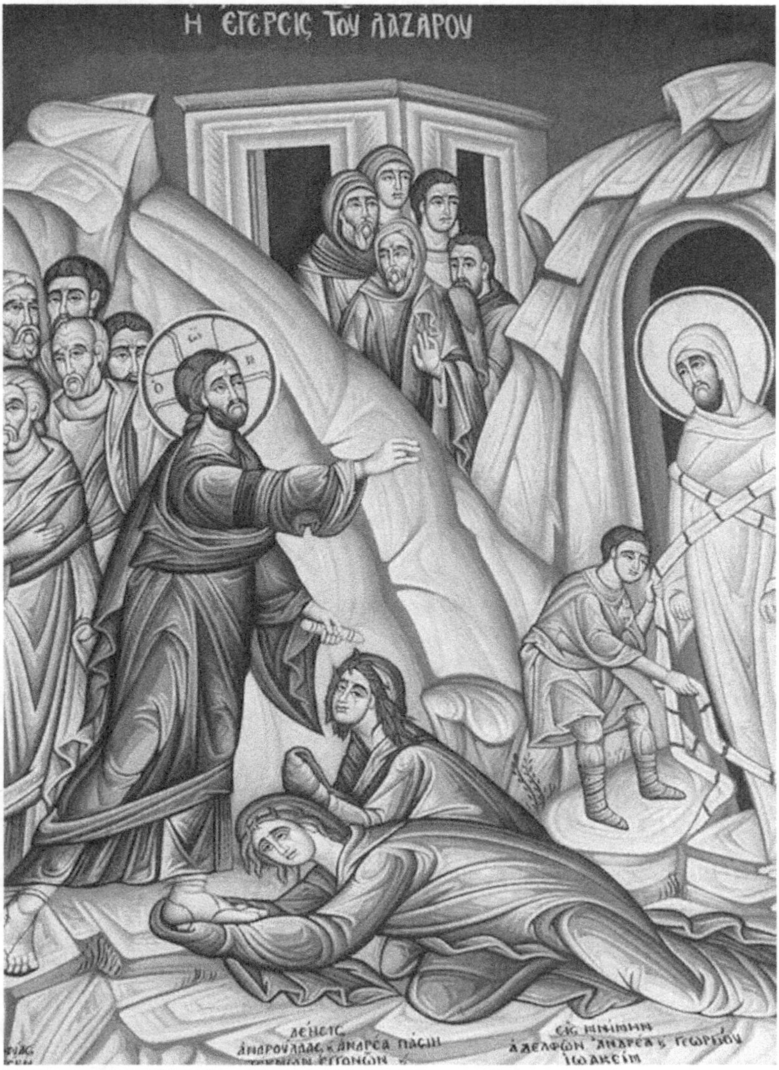

Figura 23 - A resurrección de Lázaro nunha icona grega antiga.

Dualismo. Entropía e sincronicidade.

"Se un mira con ollo frío o desastre da historia da humanidade, é difícil evitar a conclusión de que o home está afectado por un trastorno mental innato que o leva á autodestrución. O homicidio entre membros dunha mesma especie é un fenómeno descoñecido en todo o reino animal, á parte do home e dunhas poucas especies de formigas e ratos.

(Arthur Koestler, na revista The Observer)

Os exemplos de sincronicidade comentados anteriormente contiñan unha mensaxe descifrable en termos de "axuda amigo". Filippo dáse conta de que o seu matrimonio necesita unha revisión, mentres que Matteo salva a vida de Fulvio sen sabelo. Pódese dicir que as dúas sincronicidades interviñeron como reequilibradoras positivas de situacións negativas, ou mellor dito que actuaron como "árbitros" nunha situación que contemplaba dúas posibilidades identificables como "boas" e "malas" segundo criterios humanos xeneralizados.

De feito, o pensamento común dos seres humanos, dende o punto de vista teórico, sempre favorece solucións que poidan evitar penas e sufrimentos aos demais. Pola contra, ás veces non temos escrúpulos en desexar todo o mal a moitos dos que están preto de nós. Polo tanto, o ben e o mal poden estar presentes simultaneamente nos xuízos dunha mesma persoa, moitas veces no mesmo xuízo.

Desde un punto de vista xenérico, o termo "Bo" indica todo aquilo que lle parece desexable aos individuos e de tal xeito que pode ser considerado como o fin último a acadar na propia existencia. O concepto de "Mal" adoita ser oposto, pero non separado, de feito, coexistente.

Polo tanto, o ben e o mal son dúas caras da mesma moeda, absolutamente inseparables; non só están nos xuízos humanos, senón en todas as visións cosmolóxicas e case en todas as filosofías e relixións, con menor ou maior acentuación. O ben e o mal representan unha dualidade.

Dualismo.

O termo dualismo define calquera doutrina relixiosa, filosófica ou mesmo metodolóxica e científica, que prevé a existencia de dous principios opostos ou irreconciliables.

Neste libro xa me referín a moitos principios dualistas, como o propio da filosofía de Francis Herbert Bradley, relativo á aparencia e á realidade. Bradley é un filósofo inglés que viviu de 1846 a 1924. Segundo o seu pensamento, a verdade reside na unidade de todo: non hai separación nin multiplicidade de cousas. Todo o mundo da experiencia humana é aparencia; só a conciencia absoluta é real. Outro tipo de dualidade amplamente tratada neste libro é a relativa á relixión e á ciencia, un tema explorado por William James, psicólogo e filósofo estadounidense de orixe irlandesa que viviu entre 1842 e 1910.

O termo "dualismo" debe atribuírse a Thomas Hide, un orientalista inglés nado en Billingsley en 1636 e que viviu ata 1703.

Na súa obra "Historia religionis veterum persarum" (Historia da antiga relixión persa), referíndose ao zoroastrismo e ao maniqueísmo, Hide define o dualismo como o concepto de loita constante entre a Luz e a Escuridade, é dicir, o Ben e o Mal.

Son dúas condicións que están presentes ao mesmo tempo e son independentes e opostas. Cada aspecto da existencia humana depende do uso do Ben do Mal.

En 1710 o filósofo Gottfried Wilhelm Leibniz publicou en Amsterdam a súa obra "Teodicea" sobre a bondade de Deus, a liberdade do home e a orixe do Mal. Na obra, Leibniz analizou o dualismo Ben-Mal á luz do libro bíblico de Xob, remontando a mesma orixe do universo aos principios do Ben e do Mal. En Leibniz, todo acontecemento negativo, como os cataclismos ou a existencia dun mal inmotivado que afecta aos inocentes, ten a súa explicación na lei superior da harmonía que supervisa a creación divina e que xustifica todo acontecemento á luz dun deseño superior descoñecido para o home. .

Mesmo Pierre Bayle (1647-1706) no seu "Dicionario histórico crítico" indica a presenza do Ben e do Mal como orixe material do universo, aínda que desde un punto de vista racionalista.

En tempos máis recentes, o marxismo lembra o dualismo superestrutura-estrutura, e no campo da psicoloxía Jung propón o dualismo consciente-inconsciente. Un dos dualismos máis investigados na actualidade é o dualismo mente-cerebro, que xa mencionei neste libro.

Unha forma de dualismo non filosófico pero puramente físico, que cobra un aspecto decididamente relevante para os efectos deste libro, é a que nace dos experimentos de física cuántica realizados nos últimos anos. Esta é a dualidade onda-partícula, que subxace á incrible realidade do enredo cuántico.

Non obstante, hai outra forma de dualismo, que moitos científicos activos na física cuántica ou na filosofía insinúan ou deixan que transpirar tímidamente nos seus traballos, e é a dualidade entre a entropía do home, é dicir, a tendencia humana á autodestrución, e a tendencia humana á autodestrución. sincronicidade que, a pesar diso, guía á humanidade cara a etapas evolutivas progresivamente superiores.

Home entrópico.

A entropía ou a segunda lei da termodinámica, unha das leis básicas da física, afirma que en condicións normais os sistemas que se deixan a si mesmos tenden a desordenarse e corromperse en relación directa co paso do tempo. Todo o vivo e o non vivo desgasta, decae e autodestrúese. Este é o fin seguro ao que, fisicamente falando, todos os seres deberán enfrontarse; é un proceso inevitable que non ten retorno.

Con menos puntualidade científica podemos imaxinar que, ademais da entropía física que concierne a toda a materia, hai unha entropía psíquica que preocupa á humanidade. De feito, todo home ten unha tendencia innata á autodestrución, e a tendencia dos individuos espallados pola sociedade pode converterse inexorablemente na tendencia de comunidades e pobos enteiros.

O home tende á autodestrución en moito maior grao que calquera outro ser vivo. A destrución dos ecosistemas e as guerras nucleares e bacteriolóxicas representan hoxe enormes perigos. Non é nada novo: polo pasado recordamos as guerras de relixión e de conquista, a escravitude e calquera outra técnica de asasinato e opresión. Podemos dicir que todo comezou cando probablemente Caín usou unha pedra para matar ao seu irmán Abel.

A crueldade gratuíta apoiada pola carreira armamentista sempre dominou o comportamento humano, sen que nos demos conta de como a destrución do noso veciño é a destrución de nós mesmos: infinidade de veces corremos o risco de extinción, e aínda o arriscamos con maior certeza polo poder das armas actuais. .

Moitas leis restritivas e mandamentos relixiosos están destinados a frear a autolesión da especie humana: non mates, non roubes, non fagas aos demais o que non che gustaría que che fixeran. A pesar diso, o home leva dentro de si a semente da autodestrución, parece buscar a súa propia morte e a dos demais. Malia ser consciente deste risco, o home é incapaz de emendarse da súa entropía psíquica

A entropía non é o que parece ser.

En realidade, mesmo a entropía ten aspectos segundo os cales non é exactamente o que parece a primeira vista, é dicir, ese "problema irreparable" que describe Boris Yellnikoff na película "Whatever Works". A clave está na frase: “Chámase entropía; É como cando a pasta de dentes sae do tubo e non pode volver a entrar".

Damos por feito que, a nivel da nosa experiencia sensorial, a entropía funciona exactamente como unha actividade desintegradora que actúa na dirección do tempo. Porén, se saímos do noso nivel para entrar en niveis de espazo e tempo que van máis alá da nosa experiencia directa, podemos darlle diferentes caras e significados á entropía.

Poñamos un exemplo co noso planeta, a Terra, comparando o que era nos seus inicios e o que é agora.

A aparición da Terra primixenia, hai uns 4.500 millóns de anos, era absolutamente diferente á actual; a súa superficie foi continuamente destrozada por poderosas erupcións volcánicas e azoutada por chuvias persistentes que durarían millóns de anos, ata que se xeraron os océanos. Polo tanto, un panorama case infernal de rochas volcánicas espidas iluminadas pola lava incandescente das novas erupcións. Seguramente, un lugar onde sería imposible vivir.

A primeira atmosfera terrestre, composta principalmente por hidróxeno, foi arrasada polo vento solar. Porén, houbo erupcións abundantes e continuas que formaron unha segunda atmosfera composta, entre outras cousas, por dióxido de carbono, monóxido de carbono, amoníaco, vapor de auga e metano. Este ambiente, coa axuda dos raios e da radiación ultravioleta do Sol, foi un berce ideal para a formación de moléculas orgánicas dispostas a evolucionar cara a organismos cada vez máis complexos. Así, pronto apareceu a vida; os trazos máis antigos coñecidos remóntanse a hai 3.800 - 4.000 millóns de anos e son os antepasados das bacterias actuais, organismos unicelulares moi sinxelos e primitivos capaces, non obstante, de realizar as actividades fundamentais propias dos seres vivos, como alimentarse e reproducirse.

Pero como foi posible o desenvolvemento destes seres primixenios partindo das simples moléculas orgánicas presentes na atmosfera de hai catro mil millóns de anos? Que facía a entropía mentres isto sucedía? Porque, se queremos ser sinceros, temos que recoñecer que foi un proceso de construción, non de destrución.

Certo que as rocas volcánicas de cor grisácea e escuálida sometidas á lei da entropía desmoronáronse ao longo dos milenios, e cordilleiras enteiras desapareceron mentres se nivelaban. Calquera observador humano podería ter certificado, na súa experiencia, o poder destrutivo da entropía. Pero se ese observador puidese liberarse das limitadas limitacións de tempo da súa observación, prolongándoa durante milenios, tería visto a rocha transformarse en partes cada vez máis pequenas ata converterse en terra.

Entón vería que a terra cubría vastas chairas e ofrecía un ambiente propicio para a vida. O mesmo observador seguramente tería visto como as augas erosionaban e escachaban as rochas, abrindo o seu camiño e destruíndo o medio que atravesaba. Pero entón tería visto nacer os ríos, capaces de levar elementos fertilizantes nas terras nacidas da desintegración das rochas. O observador tería presenciado o nacemento de herbas, plantas, flores, insectos e outros seres vivos de todo tipo, é dicir, desa natureza que hoxe

definimos como marabillosa e que é a base do noso ciclo alimentario e da nosa supervivencia.
Aceptémolo: sen entropía hoxe non estaríamos aquí. Polo tanto, máis aló do que podería parecer a unha observación ocasional limitada no tempo, a acción final da entropía non é destrutiva senón creativa.
A historia da evolución contradí radicalmente o principio da entropía. Os evolucionistas argumentan que a combinación espontánea de átomos inorgánicos ocorrería nun tempo limitado e nunha orde precisa para formar moléculas extremadamente complexas como proteínas e despois ADN. A partir desta agregación casual, xurdirían espontaneamente millóns de especies vivas con estruturas biolóxicas complexas.
A interpretación clásica da lei da entropía nega que este proceso poida ter lugar; pero, de feito, pasou. Os científicos evolucionistas pregúntanse por este problema sen poder propoñer solucións.
O estudoso evolucionista Roger Lewin afirma nun artigo que apareceu na revista Science:

> "Segundo a segunda lei da termodinámica, os sistemas deberían decaer co paso do tempo, mostrando unha orde menor e non maior".

Jesse Hackley Rush, médico e científico evolucionista, escribe isto:

"No curso complexo da súa evolución, a vida revela un contraste sorprendente con respecto á tendencia expresada na segunda lei da termodinámica. Aínda que esta lei fala dun progreso irreversible cara ao aumento da entropía e da desorde, a vida evoluciona continuamente cara a niveis máis altos de orde".

O volume "The Evolution Deception" (Harun Yahya) informa da opinión doutro científico evolucionista, George Stravropoulos, publicada na coñecida revista científica American Scientist:

"En condicións ordinarias, ningunha molécula orgánica complexa podería formarse espontáneamente, senón que debería desintegrarse, segundo a segunda lei da termodinámica.

En realidade, canto maior sexa a complexidade, maior debe ser a inestabilidade e a seguridade da desintegración."

Unha solución "ab absurdum" propón o célebre evolucionista Jeremy Rifkin no seu ensaio "Entropía", publicado en 1980, no que fala dun "poder máxico" que permitiría que a evolución non se vexa superada pola entropía.

De feito, existe un "poder máxico" capaz de domar a entropía, e é a sincronicidade. No dualismo

Mal-Ben as dúas forzas conviven e crean unha realidade cósmica destinada a ver a vitoria do Ben. Do mesmo xeito, o dualismo Entropía-Sincronicidade opera no cosmos nun desafío que verá a vitoria desa “Entidade” que xera sincronicidades.

A sincronicidade como proxecto evolutivo intelixente.

A sincronicidade é un proxecto evolutivo guiado por unha intelixencia, que podemos definir como a “Mente Universal”, capaz de intervir non só na vida das persoas solteiras, como nos casos de Filipe e Mateo, senón tamén na vida dos grupos. pobos e nacións, e na viaxe de toda a humanidade. Isto xustifica o feito de que nin a entropía nin o egoísmo humano impediron que o universo físico evolucione cara a unha perfección cada vez maior en lugar de cara á decadencia. A historia da humanidade non atopou o seu fin nunha autodestrución colectiva senón que se desenvolveu cara ao triunfo da arte, a cultura e, en definitiva, a conciencia dun destino que vai máis aló da morte física.

No meu libro anterior "Enredo e sincronicidade" centreime na verdadeiramente desconcertante circunstancia pola que a especie humana, que comezou hai millóns de anos cos primeiros homínidos, permaneceu en estado de civilización de pedra durante un tempo inmenso. Hai só doce mil anos que a especie humana iniciou un salto cultural moi rápido que nos levou hoxe a viaxar polo sistema solar.

Todo isto non é posible nun proceso evolutivo gradual. Algo aconteceu hai doce mil anos, algo que, despois de millóns de anos de sono cultural, desbloqueou a conciencia humana e permitiulle alcanzar as súas alturas actuais.

Adoita ocorrer que algúns descubrimentos son feitos simultaneamente, en diferentes lugares do mundo, por dous científicos que descoñecen o traballo do outro. Nestes casos temos que imaxinar que a entrada foi dada por unha psique colectiva, común a ambos. Por exemplo, isto ocorreu na invención do teléfono de Antonio Meucci en Nova York e Alexander Bell en Boston.

O 22 de abril de 1984, os "Centers for Disease Control and Prevention" declararon publicamente que o virus francés Lav fora identificado definitivamente como a causa da SIDA polos investigadores do Instituto Pasteur.

Ao día seguinte Margaret Heckler, a secretaria de Sanidade e Servizos Humanos, anunciou que Robert Gallo, director do laboratorio de bioloxía celular tumoral do Instituto Nacional do Cancro, illou o virus responsable da SIDA e chamouno HTLV-III. Comezaba así unha auténtica batalla legal entre os dous prestixiosos institutos de investigación, que reivindican ambos a paternidade do descubrimento.

É indiscutible que moitos descubrimentos ou tecnoloxías como o arco, a agricultura, a cría de animais ou as construcións en forma de pirámide foron feitas por pobos diferentes e moi afastados, practicamente de xeito contemporáneo. De feito, son acontecementos tecnolóxicos que tiveron lugar en todos os lugares nos últimos doce mil, con respecto a unha historia de millóns de anos.

Hoxe a principal preocupación dos científicos individuais e dos laboratorios de investigación é publicar os resultados antes que ninguén; de feito, todo o mundo sabe, aínda que non o teña coñecemento preciso, que seguramente outra persoa, nalgún lugar do mundo, está a facer a mesma investigación ca eles. Aliás, isto produce un auténtico dramatismo nas conciencias dos investigadores, divididos entre a urxencia da publicación e o medo a non ter considerado algún aspecto que poida invalidar os resultados.

Ademais, non podemos deixar de reparar nos moi numerosos descubrimentos acontecidos “por casualidade”, coma se un misterioso impulsor quixese sinalalos de cando en vez. Falamos de raios X, supercolas, anestesia, penicilina, fornos microondas, sacarina, transistores, velcro, teflón, verdegris e moitos outros. A Coca-Cola foi "inventada" o 8 de maio de 1886 en Atlanta, (Xeorxia, EUA) polo farmacéutico John Stith Pemberton quen absolutamente non quería inventar unha bebida, senón un remedio para as dores de cabeza, polo tanto, un medicamento. O primeiro nome que se lle deu á bebida foi "Pemberton's French Wine Coca".

Sincronizacións culturais.

Joseph Cambray no seu libro "Synchronicity. Nature and psyche in an interconnected universe" fala de sincronicidades culturais citando acontecementos que abrazan civilizacións enteiras e millóns de persoas, como o xurdimento da democracia na Grecia clásica, acontecemento que se desenvolveu nun tempo moi curto. e nunha porción moi pequena do planeta.

Creo que actualmente estamos a vivir outra gran sincronía cultural impulsada polo desenvolvemento da física cuántica, unha rama da ciencia que naceu hai unhas décadas. A física cuántica está a descubrir posibilidades incribles, como a existencia de niveis non físicos que interconectan toda a materia do universo nunha única rede.

Son niveis onde as partículas, sen masa e en forma de enerxía vibratoria e información pura, poden liberarse das limitacións de tempo e espazo ás que a materia debe someterse no noso nivel de comprensión.

A "sincronicidade cuántica" que estamos a vivir debería levar a un salto cultural impensable: a superación do materialismo e o nacemento dunha ciencia unificadora da natureza e a psique, o espírito e a materia. Só a través dun nivel psíquico será posible superar as barreiras físicas e entrar na Conciencia do universo, para beneficiarse de toda a enerxía e toda a intelixencia contida nel. Será un salto cuxo potencial nin sequera imaxinamos e que abrirá as portas do "ceo" á humanidade con todo o que contén o ceo.

O principio antrópico.

"Somos a encarnación local dun Cosmos cultivado ata a autoconciencia. Comezamos a comprender a nosa orixe: somos materia estelar meditando nas estrelas".
(Carl Sagan)

"Oh Sol resplandeciente, que serías, se eu non estivese aquí abaixo, para facerte brillar sobre min?"
(Friedrich Nietzsche, Así falou Zaratustra)

Figura 24 - Selos conmemorativos emitidos pola Oficina de Correos de Polonia con motivo das celebracións do 500 aniversario do nacemento de Nicolás Copérnico. Durante as celebracións deste aniversario, Brandon Carter acuñou o termo "Principio antrópico".

O papel do home no universo.

A idea que se desprende da lectura do capítulo anterior, segundo a cal unha “Mente universal” operaría a través de episodios individuais ou colectivos de sincronía para o desenvolvemento cultural da humanidade, asume que o home que vive no planeta Terra ten asignado un papel central. Para cumprir este papel, o home sería obxecto de atención, protección e orientación desta “Mente”.

Pola contra, na cosmoloxía científica, o home non representa máis que un produto da evolución da materia, absolutamente irrelevante para o desenvolvemento do planeta Terra e moito menos para o do Universo. En realidade, ata o século XVI a visión cultural situou o home no centro do universo. A teoría desenvolvida posteriormente por Copérnico, segundo a cal os planetas xiran arredor do Sol, fixo que a Terra pasase de ser o centro do universo a un mero planeta pequeno. Como resultado, o home tamén se converteu nunha das moitas criaturas irrelevantes situadas nunha pequena parte do universo.

O principio antrópico.

En 1973 un científico, Brandon Carter, elaborou unha nova formulación da relación que une o ser humano co universo. Chamouno "Principio antrópico" e presentouno á comunidade científica durante un Simposio sobre "Comparación de teorías cosmolóxicas con datos observacionais" que se celebrou en Cracovia como parte das celebracións polo 500 aniversario do nacemento de Nicolás Copérnico. Este principio, moi contestado na súa formulación chamada "forte", derruba a visión copernicana da relación entre o ser humano e o cosmos e devolve a centralidade do home.

Figura 25 - Memoria do recentemente falecido Stephen Hawking e o seu libro "The Universe in a Nutshell". No libro, el discute temas relacionados coa teoría M do universo multidimensional e refírese con frecuencia ao "Principio antrópico" de Brandon Carter.

Mesmo antes de que Carter o fixera público, esta teoría xa estaba sendo compartida con outros científicos como Martin Rees, Freeman Dyson, John Wheeler e outros.

Un científico do calibre de Stephen Hawking foi inicialmente dubidoso, pero tras a formulación da Teoría M (teoría que unifica todo nun universo multidimensional) cambiou de opinión. Hawking converteuse nun partidario do Principio Antrópico, e tivo en conta en todos os seus estudos e publicacións posteriores, como o libro "O universo en breves palabras".

Brandon Carter

Brandon Carter (fig. 26) é un físico australiano, coñecido polos seus estudos sobre as propiedades dos buracos negros e polo descubrimento dunha cuarta constante de movemento, bautizado, con referencia ao seu nome, "constante de Carter". Polo tanto, é un científico de gran calibre, e iso fíxoo especialmente fiable cando formulou a teoría que definiu como o principio !Antrópico".

Nas súas liñas xerais, este principio sostén que a conciencia humana non é o resultado casual da evolución da materia, senón o punto de chegada dunha evolución do universo que tiña como obxectivo precisamente o nacemento da conciencia. O Principio expresado por Carter en Cracovia ten dúas formulacións, chamadas "débil" e "forte".

O principio antrópico "débil".

O chamado principio antrópico débil afirma que a nosa posición no espazo e no tempo do universo é certamente privilexiada porque todas as constantes subxacentes ao funcionamento do universo están calibradas aos valores máis axeitados para o desenvolvemento do noso tipo de vida. Por unha serie de incribles coincidencias, as leis que rexen o universo son consistentes coa posibilidade de que exista vida intelixente. Por exemplo, se o Sol tivese un tamaño lixeiramente diferente, ou se a Terra xirase arredor do Sol a unha distancia lixeiramente diferente, os mares converteríanse en potas fervendo ou montañas de xeo. A Terra xira cunha excentricidade moi pequena, igual ao 2%, e a inclinación do eixe de rotación é tal que permite precisamente a alternancia das estacións.

A vida na Terra baséase no carbono, que foi vertido no noso planeta tras a explosión das estrelas nas que se formou. As catro forzas fundamentais que rexen o cosmos dependen dalgunhas constantes físicas como, por exemplo, a constante de Hubble, a constante de Planck, a constante gravitacional universal, a carga eléctrica e a masa do electrón.

O feito de que todas estas constantes estean exactamente calibradas en valores capaces de permitir o desenvolvemento da vida é incriblemente sorprendente: bastaría con que só unha teña un valor mínimamente diferente para facer a vida imposible.

à

Figura 26 - Arriba John David Barrow e Frank Tipler, autores do libro "O principio antrópico". Abaixo á esquerda Brandon Carter, quen formulou a teoría.

Os posibles valores das catro interaccións fundamentais (gravitatoria, electromagnética, nuclear débil e nuclear forte) e das partículas subatómicas (protón, neutrón, electrón) serían infinitos, e só os valores que medimos realmente nos permiten crear unha rede interactiva entre eles que dá lugar a un universo xerador de vida. Entre as infinitas configuracións. só se escolleu unha, moi concreta. Stephen Hawking escribe no seu libro "From Black Holes to the Universe":

> "Se a densidade do Universo un segundo despois do Big Bang fora maior que a densidade crítica nunha parte en cen mil millóns, o Universo colapsaría despois de 10 anos. Se en cambio fora inferior ao mesmo valor, o Universo xa estaría baleiro despois de 10 anos de existencia".

O principio antrópico "forte".

O principio forte afirma que o universo debe ser exactamente como está para permitir o desenvolvemento da vida, nun momento determinado da súa historia, que coincide coa época na que estamos a vivir, é dicir, uns 14.000 millóns de anos despois da súa formación. Entre os moitos universos que puideron nacer a partir do Big Bang desenvolveuse precisamente o que hoxe nos permite estar aquí. A probabilidade de que isto suceda é dun entre varios miles de millóns. Se isto ocorrese por casualidade, entón o azar gañaría unha lotería imposible.

Isto significa que o universo foi deseñado para permitirnos estar aquí hoxe. O universo ten un propósito específico: debe acoller ao home.

Polo tanto, o home non é un hóspede que pasou, por un estraño accidente, nun universo que o ignora. O home é a razón pola que existe o universo. Esta teoría implica que o universo formouse co obxectivo de promover a vida e o desenvolvemento da conciencia; é dicir, que o universo foi deseñado como un casulo, unha placenta na que podería orixinarse a vida en xeral e a conciencia humana en particular.

A suposición de que o universo foi creado para nós certamente dálle un propósito. O cosmos non é unha masa caótica de materia prima, senón que responde a un proxecto de realización do home. As vicisitudes do cosmos xa non se xestionan por casualidade, senón que requiren da presenza dun “deseño intelixente”, e polo tanto da existencia dun “deseñador” ou dunha “mente universal”.

Isto tamén podería ter implicacións relixiosas sobre as que, porén, non hai pronunciamentos, polo menos no lado católico. O padre Gabriel Funes, xesuíta, antigo director do "Observatorio Vaticano", é dicir, do observatorio astronómico da Igrexa Católica, afirmou ao respecto que "A Igrexa non ten teoría nin ten unha posición sobre o principio antrópico, senón que se mantén. aberta ao que a ciencia poderá descubrir". Non se coñecen pronunciamentos do actual director, o irmán Guy Joseph Consolmagno.

John David Barrow e Frank Tipler.

Os físicos J. Barrow e F. Triple publicaron en 1986, nos Estados Unidos, o volume "The Anthropic Cosmological Principle" no que non só tratan amplamente a teoría antrópica, senón que tamén propoñen un estudo significativo da mesma.

Os dous autores describen amplamente a base conceptual do Principio Antrópico: se non se producise un número alarmante de coincidencias extraordinarias en forma de leis físicas e nos valores das constantes da natureza, a bioquímica, a vida e a vida intelixente non serían. posible. Un universo creado por casualidade non permitiría a vida, e tampouco serían posibles os obxectos astronómicos comúns e a materia ordinaria.

Partindo desta observación, chegan á conclusión de que un proxecto necesariamente existe. No estudo dos dous científicos, o "principio antrópico débil" evoluciona cara ao "principio forte". Barrow escribe así no libro:

> "Tratando de imaxinar toda unha colección de hipotéticos "outros universos" nos que todas as cantidades que definen a estrutura do noso universo asumen todas as posibles permutacións de valores, descubririamos que case todos estes

> posibles universos que creamos no papel naceron mortos. incapaces de xerar o tipo de complexidade química que chamamos "vida".

Este descubrimento levou a Brandon Carter a suxerir que pode existir algún aspecto metafísico máis especulativo no universo, ao que denominou o "Principio Antrópico Forte", para distinguilo do máis controvertido Principio Antrópico débil. O principio forte afirma que, dado que parece existir un número tan grande de "coincidencias" notables tendentes a permitir a posible vida no universo, nun determinado momento evolutivo este principio debe dar lugar á existencia de "observadores".

O "Principio Último Antrópico".

Barrow e Tipler supoñen unha terceira forma do Principio Antrópico, o "Principio Antrópico Último", segundo o cal "O procesamento intelixente da información debe desenvolverse necesariamente no universo e unha vez que aparece, nunca se extinguirá".

Segundo os dous estudosos, un universo con capacidade para producir vida intelixente non tería sentido se este universo non durase o suficiente para poder desenvolver unha especie intelixente.

O "principio antrópico participativo"

Esta forma do principio antrópico é suxerida por John Archibald Wheeler como unha alternativa ao principio forte. Segundo Wheeler, os observadores son necesarios para a vida do universo, como son necesarios para o seu coñecemento; polo tanto o home, como observador do universo, participa activamente da súa propia existencia.

"Misioneiros da conciencia"

En 2005 apareceu na web SETI (Search for Extra-Terrestrial Intelligence, un programa dedicado á procura de vida intelixente extraterrestre) un artigo titulado "A ecuación de Drake" no que se ampliaba aínda máis o principio participativo. Referíndose a calquera mensaxe entre habitantes do cosmos, o artigo afirmaba que "A misión dos remitentes consiste en espallar a Consciencia no Universo". En poucas palabras, quen envía mensaxes ao universo convértese nun "misioneiro da Conciencia". Estende a “Conciencia”, na forma que coñece, cara a entidades capaces de beneficiarse dela.

O principio antrópico e o tempo.

A ciencia máis obxectiva non rexeita a razoabilidade da finalidade antrópica, xa que sería decididamente absurdo que unha construción cósmica tan perfecta derivase do azar e non tivese ningún propósito. Así as cousas, unha obxección frecuente tamén atopa resposta: "Se o fin é o home, que só vive no planeta Terra, por que o universo necesita tanto espazo e tanta materia?".

A resposta é que as constantes que permiten a vida tardaron tempo e espazo en materializarse. Era necesario que o universo envellecese e se expandise para permitir que as estrelas fabricasen os elementos químicos que son a base da vida na Terra, como o carbono. Ademais, non se exclúe a existencia doutros planetas nos que se desenvolveu a mesma vida, do mesmo xeito que non se exclúe que o home poida exportar a súa civilización a outros planetas e galaxias.

O primeiro elemento que apareceu no universo foi o hidróxeno, cuxo átomo contén só un protón. Uns tres minutos despois do Big Bang, a fusión de dous ou tres átomos de hidróxeno permitiu a formación de helio e litio, que teñen dous e tres protóns respectivamente.

No interior das estrelas, a fusión de dous átomos de helio produciu berilio. Da fusión dun átomo de berilio e outro de helio naceron átomos de carbono inestables, que só se estabilizaron cando a temperatura da estrela ascendeu ata os 100 millóns de graos Kelvin. Finalmente, cando a estrela, ao final da súa vida, explotou xerando unha supernova, o carbono e outros metais foron expulsados ao espazo e foron formando outros corpos celestes, incluíndo planetas.

Neste punto establecemos que a vida é esencial para a existencia do universo. Se o universo fose infinito no espazo e no tempo, poderíamos preguntarnos se a propia vida non podería ser infinita no tempo e no espazo. E sobre todo, podemos preguntarnos como se debe entender esta infinidade, ou inmortalidade. Pode referirse á vida en xeral, á conservación das especies, entendida como conservación da especie, ou pode referirse a cada individuo?

Sería posible imaxinar seres vivos inmortais?

Xa atribuímos a inmortalidade aos constituíntes esenciais da materia, os átomos. No ámbito biolóxico, entre os seres vivos podemos referirnos ás bacterias, que normalmente non rematan a súa existencia coa morte senón coa escisión. As bacterias teñen a capacidade de dividirse en dúas partes, cada unha das cales conserva todo o patrimonio xenético da bacteria orixinal. Salvo accidentes, este proceso dura indefinidamente e é fácil calcular que, se unha bacteria se divide cada media hora, nun día é capaz de xerar 250.000 millóns de bacterias similares.

Se incluso organismos superiores, como o home, alcanzasen a capacidade de dividirse mantendo o patrimonio neuronal, é dicir, a autoconciencia, practicamente se converterían en inmortais. Isto, polo momento, debe considerarse imposible: de feito, as bacterias consisten nunha soa célula mentres que o corpo humano inclúe infinidade de células especializadas dun xeito diferente para cada órgano (pel, fígado, etc.) ao mesmo tempo.

Omega Point de Frank Tipler.

Frank Jennings Tipler (fig. 26), coautor con John Barrow de "The Anthropic Principle", é un profesor e escritor estadounidense que ensina física matemática na Universidade de Tulane en Nova Orleans. A maioría dos seus estudos céntranse na física da viaxe no tempo.

Tamén é coñecido por ser o autor da teoría do "Punto Omega", que en realidade retoma a teoría do mesmo nome desenvolvida anteriormente polo científico xesuíta francés Pierre Teilhard de Chardin.

Tipler tenta estudar o destino final do universo dun xeito semellante ao que fai Isaac Asimov na novela 'A última pregunta'. Na súa proposición, que basea en hipóteses razoables capaces de apoiala, parte do concepto de "progreso eterno" para hipotetizar a existencia futura dun Deus, é dicir, dun home ou alieníxena que se fixo inmortal, semellando o superhome de Nietzsche. Tamén plantexa a hipótese da resurrección dos mortos por ordenador e a "carga da mente". Esta técnica permitiría recuperar e transferir o patrimonio mental dun individuo do corpo antigo a un novo, ou ao corpo resucitado de entre os mortos.

Ademais Tipler formula a hipótese de que, grazas a un supercomputador, o universo podería dobrarse á vontade da humanidade, mesmo actuando sobre o tempo que xa pasou; deste xeito sería posible reconstruír acontecementos, mundos e persoas do pasado, cunha técnica de "retorno asistido eterno".

De feito Tipler propón unha perspectiva vinculada ao transhumanismo, un movemento cultural que defende o uso da ciencia e da tecnoloxía para aumentar as capacidades físicas e mentais e mellorar todos os aspectos da condición humana que son indesexables ou daniños, como as enfermidades e o envellecemento. Este movemento de pensamento espera a posibilidade dunha transformación que vaia máis alá da condición humana.

As teses de Tipler, como era de esperar, espertaron moita polémica no mundo científico. Nunha reseña do libro de Tipler "A física da inmortalidade", o físico surafricano George Ellis chama a teoría do punto Omega "unha obra mestra da pseudociencia".

Outros científicos, como o físico da Universidade de Oxford David Deutsch, consideran consistentes os argumentos de Tipler. No seu libro "O tecido da realidade" Deutsch expón a súa teoría do Todo incorporando o Punto Omega de Tipler ao seu razoamento.

No centro espiritual do universo.

En resumo, podemos dicir que estamos aquí por mor do universo e que o universo está aquí por nós. O Principio Antrópico está reconfigurando o pensamento científico moderno. Isto comezara con Copérnico e o seu descubrimento de que a Terra e os planetas xiran arredor do Sol; con isto, subvertira o pensamento aristotélico que situaba á Terra e ao home no centro xeográfico do universo.

Os desenvolvementos da física moderna están a producir unha nova inversión. Esta vez o home, aínda que xa non é o centro xeográfico como ben demostrou Copérnico, está firmemente establecido como centro espiritual ou psíquico.

Segunda parte.
Confirmacións científicas.

Pero que é a materia?

"A física moderna, polo tanto, representa a materia non como pasiva e inerte, senón nun continuo baile e estado de vibración, cuxas figuras rítmicas están determinadas por estruturas moleculares, atómicas e nucleares. Tamén é así como os místicos orientais ven o mundo material. Todos subliñan que o universo hai que collelo no seu dinamismo, mentres se move, vibra e baila; que a natureza non está en equilibrio estático senón dinámico".

(Fritjof Capra, físico e ensaísta)

A procura de probas.

Na primeira parte do libro presentei moitas teorías desenvolvidas e propostas por científicos, baseadas no pensamento, a filosofía e a dedución lóxica pero non apoiadas en ningunha evidencia experimental recoñecida pola comunidade acreditada. Un primeiro paso importante para dar dignidade científica a todas as hipóteses comentadas consistiría en establecer un vínculo comprobable entre o nivel físico de funcionamento da materia e un nivel "espiritual", é dicir, non determinista.

A nivel da nosa experiencia, que é absolutamente determinista, é difícil atopar conexións non materiais: unha mesa ou unha cadeira son pezas de madeira ou de metal e non inspiran, polo que aparecen os nosos sentidos, implicacións psíquicas ou metafísicas.

Este xa non é así, porén, cando entramos no nivel do extremadamente pequeno, observando o comportamento das partículas elementais. Cando por fin, nas últimas décadas, o home conseguiu penetrar na realidade subatómica, a natureza deulle incribles sorpresas das que é posible deducir a existencia dun nivel exclusivamente psíquico, feito non de materia senón de enerxía e información intelixente.

Esta segunda parte do libro estará dedicada a explorar o marabilloso mundo das partículas subatómicas.

Albert Einstein introduciu o concepto de relatividade na física. Moitas certezas, derivadas da nosa forma de entender o mundo, colapsáronse ao aprender que o tempo e o espazo son conceptos relativos e poden ter diferentes valores segundo as condicións. O "paradoxo dos xemelgos" é paradigmático: un dos dous sube a unha nave espacial e viaxa no espazo durante moitos anos, a unha velocidade próxima á da luz. Cando volve a casa, descobre que o tempo pasou moito máis lentamente para el que para as persoas que quedaron na Terra e moitos destes, que tiñan a súa idade, xa morreron: o seu propio xemelgo é moitos anos maior.

Ante esta evidencia científica, non debería sorprendernos descubrir que a materia tamén é relativa. A nivel macroscópico ou zona mediana na que vivimos, aparece en xeral ben definida: poden determinarse os seus límites, pesarse e medirse, establecer o seu grao de dureza ou maleabilidade. Se non fose así, teríamos problemas todos os días. Estas propiedades da materia permanecen inalteradas incluso a nivel astronómico, e as leis físicas que se aplican á mesa da nosa cociña tamén son válidas para o último planeta dunha galaxia distante.

A nivel subatómico, porén, é dicir, no extremadamente pequeno, as cousas cambian e a materia convértese en algo moi pouco claro con respecto á súa verdadeira esencia. O nivel subatómico é o das partículas elementais, que son os compoñentes internos do átomo.

Filosofía e misticismo da física.

A filosofía da física estuda os aspectos lóxicos e metafísicos de conceptos como enerxía, tempo, espazo e materia. Está especialmente interesada en cuestións de causalidade e determinismo.

Naturalmente, a filosofía interesouse pola física cuántica dende que naceu, pola súa capacidade para socavar aspectos fundamentais da tradición científica, como por exemplo o concepto de medida, bruscamente substituído polo de incerteza.

A operación de medición a nivel subatómico faise imposible, xa que se realiza sobre elementos tan pequenos que son perturbados pola propia medición. En consecuencia, os átomos non poden ser observados directamente nin co microscopio máis potente, senón só "teorizados".

Isto sanciona o fracaso do determinismo, que tanto lle gustaba a Pierre Simon Laplace, e anuncia o nacemento de novos valores como o probabilismo e o indeterminismo.

O indeterminismo é unha actitude filosófica, encabezada polo astrónomo inglés Arthur Eddington, que admite a acción do azar na delimitación da vontade ou da realidade. É dicir, o indeterminismo admite que as cousas tamén poden ocorrer por casualidade, sen razón aparente. Os feitos non sempre son o produto da acción de causa e efecto. A noción de indeterminismo ten unha definición clara:

"O estado actual do sistema físico non é totalmente definible. Ou, podemos dicir que do mesmo estado presente completamente definido poden xurdir potencialmente moitos estados futuros, pero só ocorrerá un deles.

Entre os partidarios do indeterminismo están os máis grandes físicos do noso tempo: Werner Karl Heisenberg, Niels Bohr, Arthur Compton, Pascual Jordan, Hans Reichenbach, Robert Millikan, Georges Lemaître e outros.

A física cuántica non ten en conta o rigor determinista e lévanos a unha concepción substancialmente mística do cosmos, baseada en elementos que lembran un posible compoñente espiritual xunto ao material.

Este pensamento sobre a realidade das cousas lévanos a máis de dous milenios atrás, ás intuicións dos primeiros filósofos gregos. Porén, ao contrario do que acontecía naquel momento, a visión do cosmos que está xurdindo hoxe non se basea na intuición senón en experimentos realizados con gran precisión nos mellores laboratorios de física.

As raíces de toda a ciencia e a física occidental en particular atópanse no século VI a.C., nun período que non coñecía ningunha división entre relixión, filosofía e ciencia, entre os sabios da escola de Mileto. Os seus estudos tiñan como obxectivo descubrir a verdadeira constitución da materia, que identificaron no termo "physiká", hoxe traducido como "física". A "physiká" representaba o esforzo por descubrir a esencia das cousas. En base ás súas suposicións, os filósofos de Mileto foron definidos como "hilozoístas", termo que significa "os que pensan que a materia está animada". De feito, non facían distinción entre espírito e materia física; en efecto, nin sequera tiñan un termo para a materia física, xa que para eles todas as formas de existencia estaban dotadas de vida e espiritualidade. En particular, Tales sostivo que a divindade estaba presente en todas as cousas e Anaximandro describiu o Cosmos como un único organismo alimentado polo "pneuma".

Posteriormente Heráclito de Éfeso describiu un mundo en constante cambio, un eterno "devir". Cría que todas as transformacións do mundo derivan da acción dos contrarios, e que cada par de opostos debe ser considerado como unha unidade, á que deu o nome de Logos. Dos opostos de Heráclito orixináronse correntes de pensamento que levaron á separación entre espírito e materia.

Parménides de Elea, en decidido contraste co eterno devir de Heráclito, chamou ao seu principio fundamental o "Ser inmutable", e sostivo que todo cambio era pura ilusión dos sentidos. Do seu pensamento naceu a idea dunha substancia indestructible situada na base das propiedades de cambio das cousas.

A partir do contraste entre o "devir eterno" e o "Ser inmutable" desenvolveuse un pensamento que contemplaba o "Ser" presente en determinadas substancias invariables que, porén, mesturándose e separándonos, orixinaban cambios e formas diferentes. De aí naceu o concepto de átomo, como a parte indivisible máis pequena da materia. O átomo subxace a todo a pesar de toda a aparente diversidade das cousas. De feito hoxe sabemos que todas as cousas están feitas de átomos.

Os atomistas, entre eles Demócrito, definiron unha clara separación entre o espírito e a materia, imaxinando a materia física composta de "bloques de construción fundamentais", é dicir, partículas completamente pasivas e inertes que se movían no baleiro, e cuxo movemento podía deberse a forzas externas. Estas forzas son de orixe espiritual, non material.

Esta imaxe foi entón predominante no pensamento occidental, dando lugar ao dualismo entre corpo e alma.

Aristóteles, na súa crenza de que os problemas relativos á alma eran máis importantes que os relativos ao mundo material, creou un patrón de pensamento que sustentaría a concepción do universo en todo Occidente durante case dous mil anos. O cristianismo tamén apoiou as doutrinas aristotélicas ao longo da Idade Media.

No Renacemento abordouse por primeira vez o estudo da natureza mediante metodoloxías científicas, é dicir, aplicando experimentos controlados por hipóteses teóricas. Galileo Galilei foi o primeiro en seguir este camiño e por iso é considerado o pai da ciencia moderna.

O nacemento da ciencia moderna viuse favorecido polo desenvolvemento do pensamento filosófico, que acentuou o dualismo "espírito-materia". No século VIII René Descartes describiu unha natureza fundada na separación fundamental entre dúas realidades distintas e independentes, a mente (res cogitans) e a materia (res extensa). A separación cartesiana permitiu ao mundo científico considerar a materia física composta por obxectos inertes e completamente distintas entre si. O resultado foi unha representación do mundo semellante a unha acumulación de diferentes obxectos, obxectos que en conxunto conforman unha inmensa máquina sen vida.

O carro do rei Milinda.

O Milindapañha é un texto budista composto en forma de diálogo filosófico, ambientado na cidade de Sāgalā, a actual Siyālkoṭ. O diálogo ten lugar entre o monxe Nagasena e Milinda, historicamente identificable co gobernante indogrego Menandro I que reinou no Punjab entre 155 e 130 a.C.

> “O rei Milinda foi a onde estaba o monxe Nagasena e, despois de saudalo con cortesía e amable, preguntoulle:
>
> "Como te coñeces e como te chamas?"
>
> Nagasena respondeu: "Coñécenme como Nagasena, oh rei, e con ese nome diríxenme os meus irmáns e pais".
>
> "Disme que os teus irmáns están afeitos a dirixirse a ti como Nagasena. Agora que é

exactamente Nagasena? Queres dicir que o pelo é Nagasena?"

"Non o digo, gran rei".

"Ou pelo corporal?"

"Certamente non".

"Quizais Nagasena sexan as uñas, os dentes, a pel, a carne, os nervios, os ósos, a medula? Algunha ou todas estas cousas son Nagasena?

A cada unha destas preguntas o monxe respondeu que non.

"Entón a forma externa é Nagasena? Son as sensacións, as percepcións ou a conciencia Nagasena?

A cada unha destas hipóteses o monxe respondeu que non.

"Entón, Nagasena é un son baleiro e vanidoso. Quen é Nagasena que vexo aquí diante de min? Nagasena é unha mentira, un engano!"

Entón o monxe Nagasena díxolle ao rei Milinda:

"Maestade, medraste no luxo. Se camiñas por terreo pedregoso, os teus pés senten dor. Entón pregúntoche: como chegaches aquí? Viñeches aquí a pé ou nun carro?

"Eu non vin a pé. Vin nun carro".

"Entón, se viñeches nun carro, explícame que é un carro. Os cabalos son o carro?

"Non dixen isto".

"O carro é o eixo das rodas?"

"Por suposto que non."

"Quizais o carro son as rodas ou as cordas ou o marco ou o xugo ou os raios das rodas?"

A todas estas preguntas Milinda respondeu que non.

"Pero quizais o carro é algo diferente dos que mencionei? ”

Milinda volveu responder que non.

“Entón a palabra carro é un son baleiro e van. Con que carro chegarías? O que dixeches é mentira! Por que estás dicindo cousas falsas?"

> Entón Nagasena chamou testemuñas aos gregos e aos monxes, dicindo:
>
> "O rei Milinda dixo que veu nun carro. Pero cando lle pedín que me explicase o que é un carro, non puido facelo”.
>
> Os gregos e os monxes aplaudiron e dixéronlle ao rei:
>
> "Agora, Maxestade, responde se podes!"
>
> O rei Milinda respondeulle a Nagasena, dicindo:
>
> "Non dixen mentira, venerable señor. O conxunto formado polos cabalos, o eixe, as rodas, o bastidor, as cordas, o xugo, os raios e o aguijón, indica a denominación común de carro".

> "Moi ben! - Dixo Nagasena. Entendeches exactamente o significado de carro. Do mesmo xeito é o conxunto de cabelos, uñas, dentes, percepcións, sentimentos e conciencia, o que indica Nagasena."

Entón, que é realmente o carro de Milinda? Os materialistas dirían que non hai vagón sen as partes individuais. As partes son o todo, e o carro só existe como un feito accesorio, un epifenómeno cuxa presenza ou ausencia non afecta á existencia das partes. O feito de que as partes, no seu conxunto, vaian a formar un carro é completamente aleatorio.

Nunha visión máis espiritual diriamos que as partes individuais adquiren significado só cando, intelixentemente agregadas, dan forma ao carro, ao propio monxe Nagasena e a todo o que existe no universo. Porén, calquera conxunto de pezas ensambladas loxicamente require un deseño intelixente que vai moito máis alá da inercia dos materiais que o compoñen.

A separación proposta por Descartes.

A visión mecánica do mundo foi adoptada por Isaac Newton, quen a utilizou para construír a súa ciencia mecánica sentando as bases da física clásica. A visión newtoniana dominou o mundo desde mediados do século XVII ata finais do século XIX.

A filosofía de Descartes non só foi importante para o desenvolvemento da física clásica, senón que tivo un gran impacto no pensamento occidental.

A súa famosa frase "Cogito ergo sum" fixo que o home se identificase máis coa súa mente que co seu corpo. Como consecuencia, o home é consciente de si mesmo como un “outro” que vive dentro do seu propio corpo. Á mente, separada do corpo, encárgase a tarefa de controlalo; isto provoca un conflito entre vontades e instintos.

Esta separación do propio corpo esténdese ao mundo externo, visto como unha colección de obxectos e eventos separados. O medio natural está formado por partes que se poden agrupar en grupos de interese (árbores, estrelas, minerais ou, efectivamente, a carroza do rei Milinda).

A sociedade tamén está dividida en razas, nacións, pobos, relixións e grupos políticos, e o noso círculo íntimo está dividido entre "o meu condominio, os meus familiares, os meus amigos, os meus compañeiros de traballo, os que teñen a mesma afección ca min, os visitantes do meu supermercado". ".

Estas divisións están na raíz de todas as crises sociais e culturais e orixinaron esa desorde e distribución inxusta dos recursos que adoitan levar á violencia e á guerra.

O pensamento cartesiano trouxo beneficios e prexuízos; merece o mérito de ter introducido a separación a nivel científico, mentres que no que respecta aos males sociais é evidente que existiron moito antes de Descartes. Polo tanto, non se debe reprochar ao filósofo, ao contrario, debe recoñecerse a súa capacidade de ter destacado a separación entre espírito e materia como orixe destes problemas.

É interesante observar como a ciencia moderna, nacida da separación cartesiana e da concepción mecanicista de Newton, está a repensar estes conceptos. De feito, a ciencia deste século volve á idea expresada polas primeiras filosofías gregas. Era a idea dun cosmos baseado na cooperación do espírito e da materia.

Por que hai algo en vez de nada?

A ciencia adoita preguntarse "como" suceden as cousas. Tamén pregunta "por que" ocorren, pero con moita menos frecuencia. De feito, as crenzas deterministas asumen que o "por que" é obvio e pódese atopar loxicamente nunha sucesión de causas e efectos. "Algo" provoca "outra cousa", e abonda con reconstruír todos os pasos para comprender a orixe do fenómeno. Así, o "por que" está implícito no "como". É dicir, non hai por que.

Este discurso faise impracticable cando falamos do primeiro nacemento do universo xa que, se temos en conta o momento anterior á súa existencia, nese momento non operaba ningunha causa que iniciase a cadea de efectos. Entón, neste nivel ambas as preguntas, como e por que, seguen sen resposta.

As ciencias que tratan de resolver este problema son a cosmoloxía e a física. O estudo do cosmos demostrou que se atopa nunha fase de expansión, debido a que segue estendéndose ao espazo.

Partindo das condicións actuais e simulando un camiño cara atrás, é dicir, unha contracción, chegamos ao punto no que a densidade da materia e a súa temperatura se fan infinitas, situación imposible. Polo tanto, pódese plantexar a hipótese de que o universo comezou nun momento específico, situado entre o momento presente e un momento do pasado situado temporalmente antes de que as condicións fosen imposibles.

Houbo un momento preciso no que a expansión comezaría e o universo tería "nacido". Isto, porén, pode proporcionarnos elementos sobre como, pero non explica por que.

Hai moitas tradicións culturais e relixiosas que intentan dar respostas. Os estudosos bíblicos debateron durante moito tempo se a creación utilizou materia inerte preexistente ou se produciu da nada. Tanto a antiga exéxese xudía como Filón, na tradición helenística, coinciden en apoiar a "creatio ex-nihilo" (creación da nada), hipótese aínda apoiada polo cristianismo na actualidade.

Noutros moitos casos proponse un universo que se remodela partindo dunha situación inicial de caos, ou dun baleiro desestruturado.

Segundo algunhas tradicións, o universo pode xurdir dun útero materno primordial. Segundo outras mitoloxías, o universo pode nacer dun ovo preexistente.

Tamén hai tradicións segundo as cales o universo existiu sempre, segundo unha concepción do tempo inspirada nas civilizacións agrícolas, pola cal todo está suxeito a un ciclo perpetuo de morte e renacemento.

Na maioría das hipóteses consideradas, excluída a bíblica, dáse por descontada a preexistencia dunha materia, aínda que en forma de caos, útero ou ovo. Moitas veces non se explica de onde procede esta orixe preexistente. Porén, todas as tradicións non explican como puido ter lugar o proceso de transición da nada a algo, salvo por un acto creador divino.

Todo comeza co Big Bang.

O Big Bang é un modelo cosmolóxico baseado na idea de que o universo comezou a expandirse a unha velocidade moi alta nun tempo precisamente definible no pasado e que este proceso aínda continúa.

É a idea predominante na comunidade científica actual, xa que tivo confirmacións baseadas en observacións e evidencias astronómicas.

En particular, xoga coa teoría do Big Bang de que os elementos lixeiros como o hidróxeno e o helio son particularmente abundantes de acordo cos valores previstos; outra confirmación vén da existencia da radiación cósmica de fondo, cun espectro acorde coas expectativas. Estes e outros descubrimentos experimentais convenceron á maioría dos científicos de que un evento semellante ao Big Bang tivo lugar hai uns 14.000 millóns de anos.

Cando se propuxo, a aceptación da idea non era nin evidente nin tranquila. O Big Bang presupuxo a creación de toda a enerxía e toda a materia (que, ao cabo, é unha forma diferente de enerxía) nun acto inicial, máis ou menos como afirmaban Descartes e Newton. Pero outros viron a intervención creativa de Deus no comezo do universo.

Esta circunstancia produciu o resultado de que a comunidade científica foi moi reticente a aceptar a teoría. Pola contra, a Igrexa Católica, xunto ao Papa Pío XII, aceptouno plenamente nun discurso que pronunciou o xoves 22 de novembro de 1951 na Pontificia Academia das Ciencias:

> "Así que espontaneamente veñen á mente dúas preguntas: é a ciencia capaz de dicir cando se produciu este poderoso principio do cosmos? E cal era o estado inicial e primitivo do universo? Os máis excelentes expertos en física atómica, en colaboración con astrónomos e astrofísicos, esforzáronse por arroxar luz sobre estes dous problemas arduos pero sumamente interesantes. (...)
>
> É innegable que unha mente iluminada e enriquecida polo coñecemento científico moderno, que avalía serenamente este problema, vese levada a romper o círculo dunha materia completamente independente, ben porque non foi creada, ben porque foi creada por si mesma. Unha mente iluminada chegará a concibir a presenza dun Espírito creador. Coa mesma mirada clara e crítica, coa

> que examina e xulga os feitos, unha mente ilustrada albisca e recoñece a obra da omnipotencia creadora, cuxa virtude foi axitada polo poderoso "Fiat" pronunciado hai miles de millóns de anos polo Espírito creador. Cun xesto de amor creouse un material cheo de enerxía. Realmente parece que a ciencia actual, que de súpeto remonta millóns de séculos atrás, conseguiu dar testemuño do bíblico "Fiat lux", cando un mar de luz e radiación estalou da nada. Ao mesmo tempo, as partículas dos elementos químicos separáronse e reuníronse en millóns de galaxias". (Pío XII)

A teoría do Big Bang contiña implicacións teolóxicas polas que foi rexeitada e oposta, ás veces só porque a Igrexa a apoiaba. Algúns recoñecidos físicos avanzaron a hipótese de que esta teoría formaba parte dunha conspiración urdida pola propia Igrexa. O astrónomo Fred Hoyle condenou o Big Bang chamándoo un modelo construído sobre fundamentos xudeocristiáns e formulou a hipótese alternativa do universo estacionario, onde a creación de nova materia se produce continuamente; esta teoría, porén, leva tempo abandonada porque tería previsto o nacemento de galaxias en movemento entre as xa existentes, o que non foi verificado. De feito, non hai galaxias novas situadas entre as antigas. As galaxias máis novas, é dicir, nacidas antes, son as máis afastadas de acordo coa expansión do universo que continúa despois dun acto creativo inicial.

Figura 27- Niels Bohr, físico danés iniciador da Escola de Copenhague. Nos anos posteriores a 1920 perfeccionou o modelo clásico do átomo e foi galardoado co Premio Nobel en 1922.

Hoxe a teoría do Big Bang é aceptada pola maioría absoluta da comunidade científica, sen que esta, obviamente, acepte a idea de que o momento creativo inicial se orixinou dunha vontade divina.

O átomo e a súa representación clásica.

O átomo (do grego átomos, indivisible) é unha estrutura básica da materia; toda a materia está formada por unidades elementais chamadas átomos. Isto aplícase á materia en estado sólido, líquido e gasoso. Nótese que esta afirmación é difícil de conectar co estado do plasma, onde os valores particularmente altos de presión e temperatura impiden a formación de átomos. O átomo era considerado a unidade máis pequena e indivisible da materia ata que, en 1897, Joseph Thompson anunciou o descubrimento do electrón, demostrando que o átomo é realmente divisible.

Hoxe sabemos que, nunha división superficial, os átomos están formados por elementos subatómicos como protóns (con carga positiva), neutróns (sen carga) e electróns (con carga negativa). Os átomos forman moléculas ao agregarse a niveis superiores.

O último modelo clásico da estrutura do átomo é o elaborado en 1913 por Niels Bohr, aínda vixente sen variacións substanciais.

Segundo este modelo, o átomo está formado por un núcleo, arredor do cal xiran os electróns. O núcleo está formado por dous tipos de partículas, protóns e neutróns. Os protóns teñen unha carga eléctrica positiva, mentres que os neutróns teñen unha carga eléctrica neutra. Os electróns, pola súa banda, teñen unha carga eléctrica negativa e móvense no espazo exterior que rodea o núcleo equilibrando a súa atracción coa enerxía de rotación, do mesmo xeito que a rotación da Lúa equilibra a atracción da Terra. En xeral, o átomo é eléctricamente neutro xa que o número de protóns (número atómico) e o de electróns é o mesmo. Na natureza, os átomos difiren entre si polo número de protóns presentes no núcleo: a suma de protóns e neutróns chámase número de masa.

Actualmente o estudo do núcleo atómico e os seus compoñentes está ligado ao desenvolvemento da física de partículas. Nos últimos anos púidose definir con maior precisión a estrutura do núcleo atómico, especialmente cos experimentos realizados en aceleradores de partículas. Segundo o Modelo Estándar de partículas, os protóns e os neutróns están formados por quarks.

Para ter unha idea do tamaño dun átomo, estas comparacións poden ser útiles:

- o diámetro dun cabelo humano corresponde a preto dun millón de átomos de carbono dispostos en fila;
- se unha laranxa tivese o tamaño do planeta Terra, (uns 12.700 km de diámetro) os seus átomos serían aproximadamente do tamaño da laranxa orixinal (uns 10 cm de diámetro).

Tamén é importante ter en conta que o átomo está esencialmente baleiro. De feito, se o núcleo dun átomo tivese un diámetro de 3-4 milímetros, o seu electrón máis externo xiraría a unha distancia duns cen metros.

A representación estática do átomo que se acaba de expoñer é unha hipótese de traballo válida pero a física cuántica está a demostrar que a nivel subatómico hai máis probabilidades que certezas. Unha certeza que, sen dúbida, foi desmentida é a que segundo a cal as partículas son "pequenas pezas de materia", aínda que sexan moi pequenas. Nada máis cuestionable.

Física cuántica.

A física cuántica é a teoría que describe o comportamento da materia e a radiación, así como as súas interaccións mutuas, nas moi pequenas escalas de lonxitude ou enerxía dos átomos.

A finais do 1800 a física clásica parecía incapaz de describir o comportamento da materia e da radiación electromagnética a nivel microscópico, é dicir, en dimensións iguais ou inferiores ás dun átomo. Do mesmo xeito non puido describir o comportamento das enerxías relacionadas cos enlaces internos dos átomos. Por iso, a principios do século XX fíxose evidente que era necesario o nacemento dunha nova física, completamente diferente á clásica desenvolvida ata entón.

Así naceu a teoría cuántica, tamén chamada física cuántica ou mecánica cuántica. Esta rama da física foi introducida inicialmente por Max Planck e baséase no feito de que algunhas cantidades a nivel microscópico, como a enerxía ou o "momento angular", non poden variar linealmente, senón só por valores discretos, chamados "quanta".

Ademais das partículas que forman os principais compoñentes do átomo, é dicir, protóns, neutróns e electróns, hai moitas outras, e case se podería dicir que cada día se descobren outras novas. Unha partícula que nos interesa especialmente é o fotón, é dicir, o "cuántico de luz". O fotón é a partícula que fai brillar as estrelas e brillar o sol.

O concepto de "canto" é bastante curioso e case non foi aceptado polos científicos dos séculos XIX e XX.

No noso nivel macroscópico consideramos natural o concepto de que todas as cantidades poden asumir un conxunto continuo de valores. Por exemplo, ademais do quilo tamén consideramos o quintal e a tonelada, así como o hectogramo, o gramo, o miligramo etc., polo que se fai natural que un obxecto poida pesar, por exemplo, 7 quilos e 356 gramos. , é dicir, 7365 gramos.

A mecánica cuántica, pola súa banda, prevé que as diferentes cantidades só poden asumir un conxunto específico de valores, múltiplos dun valor fundamental que non se pode desglosar. Este valor chámase "cuántico de materia ou enerxía".

Imaxina un supermercado onde podes mercar froita solta ou "paquetes" de manteiga de cen gramos. Serache doado poñer no teu carro 1.365 quilogramos de mazás, mentres que, no caso da manteiga, só poderás mercar 100 ou 200 ou 300 gramos, segundo a cantidade de paquetes que metas no carro. O mundo das partículas prevé que a enerxía e a materia non estean dispoñibles a granel senón só en forma de paquetes, que non obstante se denominan quantas.

Polo tanto, no mundo das partículas, a enerxía e a materia non se poden reducir a valores inferiores ao "cuántico". Isto significa que só están dispoñibles no valor base, ou como múltiplos do valor base. Como é facilmente comprensible, o quantum ten un valor extremadamente baixo.

Todo no universo está feito de quanta, incluso o libro que estás lendo. O motivo polo que non se sente a súa "granularidade" ao tacto é que os quantas son tan pequenos que os nosos sentidos non poden percibilos, do mesmo xeito que nós non percibimos átomos individuais nin tan sequera moléculas individuais de forma distinta.

Un dos primeiros casos estudados é a cuantización da enerxía: por exemplo, os electróns dun átomo só poden ter determinados valores enerxéticos, polo que só poden xirar arredor do núcleo en determinadas órbitas. Do mesmo xeito, os fotóns son os cuantos do campo electromagnético: son paquetes de luz indivisibles.

Figura 28 - Albert Einstein, probablemente o físico e matemático máis coñecido dos nosos tempos. Impugna as teorías cuánticas de Niels Bohr e da Escola de Copenhague deseñando o experimento EPR para demostrar as súas inconsistencias. As evolucións da investigación posteriores levaron en cambio á súa confirmación.

O átomo cuantizado.

O concepto de "cuántica" é moi importante para o funcionamento da materia no extremadamente pequeno, é dicir, nos átomos, pero, en consecuencia, tamén no universo enteiro. Para entendelo mellor, podo propoñer unha similitude con algúns dispositivos de uso habitual na vida cotiá. Por exemplo, imaxinemos unha cociña de gas tradicional, equipada con queimadores dispostos nun nivel e un forno incorporado. Os controis da cociña están aliñados nun panel frontal e consisten en botóns axustables que permiten enviar o gas aos respectivos queimadores.

A maioría dos botóns pódense xirar linealmente de esquerda a dereita. O botón bloquea a entrega de gas cando se xira completamente cara á esquerda. Xirando o botón cara á dereita, o gas envíase ao queimador en cantidades crecentes, ata alcanzar o "límite", é dicir, o máximo permitido. Digamos que o botón permite un aumento lineal (ou continuo) da cantidade de gas.

Non obstante, un dos botóns, especialmente o do forno, funciona de forma diferente. Este botón non pode xirar continuamente, só a tirones. Deste xeito permite o fluxo de gas en cantidades determinadas, aptas para obter a calor sinalada a cada clic do botón con valores expresados en graos centígrados: 120 °C, 180 °C, 270 °C ou valores similares. Neste caso o gas non pode aumentar continuamente, senón de forma "discreta", é dicir, só para cantidades fixas e determinadas.

Se queremos ser precisos, temos que admitir que os outros botóns tamén funcionan nun modo "discreto", non continuo. O problema é que as variacións entre un punto e outro son tan pequenas que nos dan a impresión dun aumento ou diminución lineal. En poucas palabras, os nosos sentidos non captan os clics da variación, porque son demasiado pequenos.

No nivel medio das dimensións da materia, que é onde vivimos e operan os nosos sentidos, todo parécenos aumentar (ou diminuír) de xeito lineal. A difusión da luz ao amencer ou ao solpor, o son dun coche que se achega ou se afasta, unha mosca zumbando ao noso redor. Diríamos todo sobre esa mosca, pero certamente non diríamos que voa bruscamente.

Isto dános unha vez máis a medida do enganoso que son os nosos sentidos porque, en realidade, nada se move de xeito lineal senón que todo o fai de forma discreta, é dicir, por cantidades de enerxía, ou "quanta".

A diferenza entre o noso nivel macroscópico e o nivel microscópico das partículas é que aproximamos os movementos e as enerxías considerándoos lineais.

Basicamente, segundo unha convención empregada en física, un corpo material a nivel macroscópico pódese estudar como un corpo continuo, xa que o altísimo número, cohesión e interdependencia entre as partículas fan desaparecer calquera granularidade.

Pola contra, no infinitamente pequeno xa non é posible ignorar esta característica porque as dimensións dos corpos subatómicos son sensibles á granularidade cuántica.

En conclusión, en mecánica cuántica o cuántico (do latín quantum que significa cantidade) é unha cantidade discreta e indivisible. Por extensión, o termo úsase ás veces como sinónimo de "partícula".

A mecánica cuántica foi iniciada principalmente por Niels Bohr, Louis-Victor de Broglie, Paul Dirac, Albert Einstein, Enrico Fermi, Wolfgang Pauli, Erwin Schrödinger, Richard Feynman e Werner Heisenberg.

A intuición da cuantización da materia naceu en 1900 a partir dos traballos de Max Planck, quen adoptou esta convención para confirmar a súa teoría relativa á emisión electromagnética do corpo negro. Na práctica, Planck observou que a súa hipótese do corpo negro só funcionaría en presenza de enerxía cuantificada. Porén, Planck mostrouse moi reticente a considerar esta posibilidade real. Aínda que foi o primeiro en teorizar esta realidade, sempre tivo problemas por considerala válida.

Esta realidade física foi confirmada só máis tarde por outros estudosos, que determinaron o valor do quantum de enerxía. Este valor tomou o nome de constante de Planck, porque a comunidade científica quería honestamente recoñecer o traballo de quen o adiviñara e o utilizara por primeira vez.

A constante de Planck, ou magnitude do "cuántico", dedícase coa letra h e é $6{,}6\times10^{-34}$Js, é dicir, un valor inimaxinablemente pequeno.

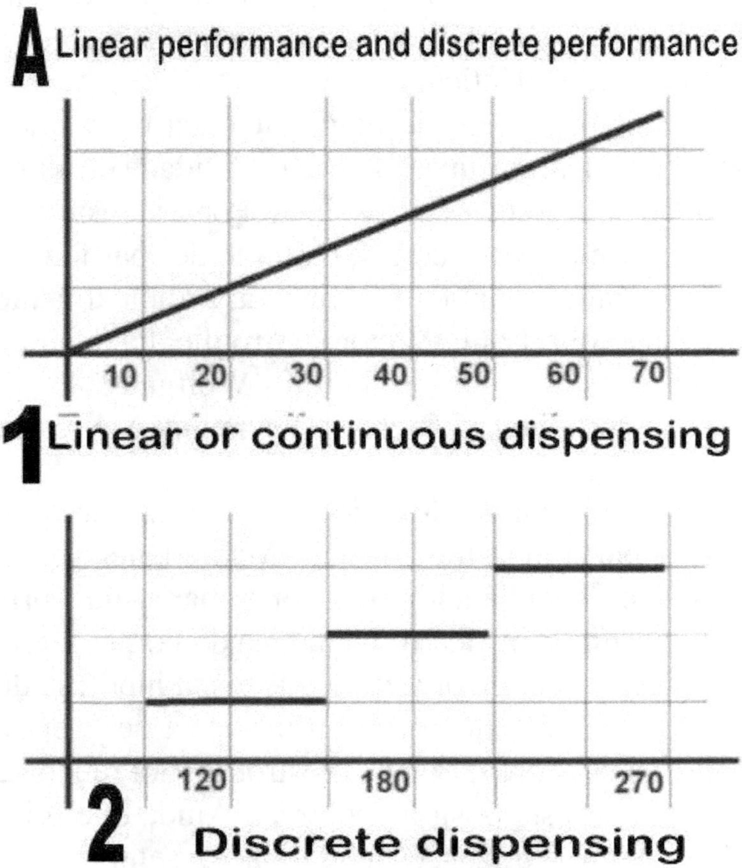

Imaxe 29

Unha tendencia lineal e unha tendencia discreta.

1 Entrega lineal ou continua.

2 Entrega con valores discretos

- A tendencia lineal supón un número (case) infinito de niveis intermedios. A tendencia discreta, pola contra, prevé só uns poucos aumentos previstos.

A hipótese da estrutura granular da enerxía mecánica atopou unha confirmación total e definitiva na teoría da calor específica dos sólidos formulada en 1907 por Einstein.

"Salto cuántico".

Referíndonos de novo á representación tradicional do átomo, é dicir, un núcleo rodeado de electróns que xiran ao seu redor, podemos dar un paso máis para comprender un aspecto vinculado ao seu funcionamento que se chama salto cuántico.

En primeiro lugar, hai que ter en conta que os electróns non poden rotar nun réxime anárquico, senón que deben cumprir certas regras. A primeira regra é o Principio de exclusión de Pauli, que se aplica aos "fermións", unha clase de partículas que inclúe protóns, neutróns e electróns.

Este principio parte do concepto de que arredor dun átomo só hai unhas poucas "zonas permitidas", e que dous fermións idénticos non poden ocupar simultaneamente a mesma zona (ou estado cuántico).

Polo tanto, unha órbita pode estar ocupada por un máximo de dous electróns, sempre que teñan "xiros" opostos.

A segunda condición é que cada órbita non poida estar aleatoriamente afastada do núcleo.

Segundo o modelo atómico proposto por Niels Bohr, o electrón xira arredor do núcleo nunha órbita circular; cada electrón, que ten carga negativa, corresponde a unha órbita moi precisa, xa que debe moverse a unha velocidade suficiente para contrarrestar a forza eléctrica de atracción que exerce sobre el o núcleo, cargado positivamente. A rotación impide que os electróns sexan succionados no núcleo, pero debe producirse cunha enerxía proporcional á súa distancia.

Canto máis lonxe estea un electrón do seu núcleo, máis enerxía necesitará. Pero debe ser unha enerxía ben equilibrada. A cantidade correcta de enerxía debe evitar que o electrón caia no núcleo ou, pola contra, que se lance fóra da zona de influencia do átomo.

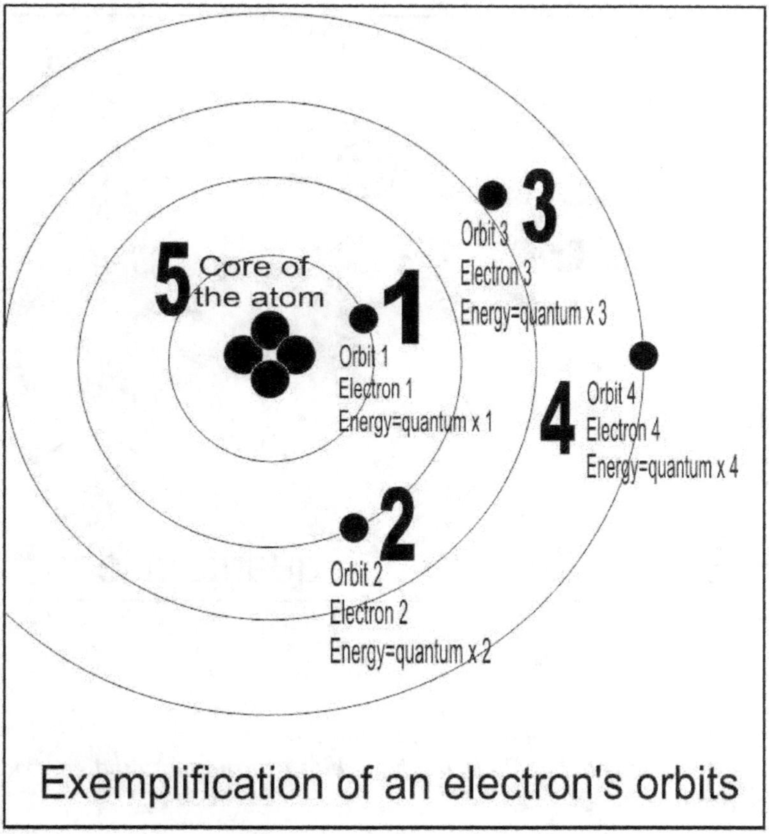

Figura 30 - Exemplo de ilustración dun átomo con catro electróns e catro protóns. Cada electrón xira nunha órbita distinta e ten unha cantidade de enerxía que se pode medir en cuantos.

1 O electrón na órbita 1 ten 1 canto de enerxía.

2 O electrón na órbita 2 ten 2 cantos de enerxía.

3 O electrón na órbita 3 ten 3 cantos de enerxía.

4 O electrón na órbita 4 ten 4 cantos de enerxía.

5 Núcleo do átomo.

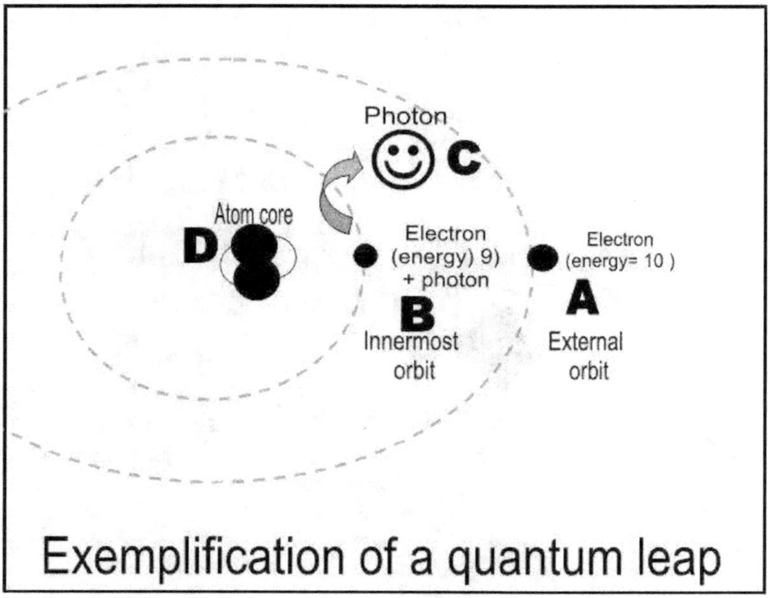

Figura 31 - Exemplo de salto cuántico.

A. O electrón A situado nunha órbita externa ten unha enerxía de dez cuánticas.

B. O electrón salta a unha órbita interior. Aquí necesita menos enerxía (9 quanta) polo que libera un quantum.

C. O cuántico liberado convértese nun fotón.

D. Núcleo do átomo.

Como sabemos que a enerxía a nivel dos electróns se mide en cuantos, entón as órbitas só poden estar á distancia dun cuántico, ou múltiplos dun cuántico.

Ningún electrón xirará nunca nunha órbita que requira un valor enerxético que non sexa un cuántico ou un múltiplo deste.

Polo tanto, entre un electrón que xira nunha órbita interna (chamémoslle E-Inner) e outro que xira nunha órbita máis externa (chamémoslle E-External) hai unha diferenza de enerxía: E-External necesita máis enerxía que E -interna.

A modo de exemplo, podemos dicir que se o electrón interno necesita un canto de enerxía, o electrón externo necesita dous para manter a súa órbita. Non pode haber órbitas que requiran un cuántico e medio, porque o cuántico é o tamaño mínimo posible.

No medio de tanta orde temos que considerar que os electróns son bastante rebeldes e ás veces, por razóns que só eles coñecen, gústalle saltar dunha órbita exterior a outra interior. Así, se un electrón que posúe dous cuantos de enerxía, quixese saltar a unha órbita interior (que precisaría só un canto de enerxía), tería que renunciar a un dos seus cantos. Que pasa con esta enerxía liberada? Adopta a forma dun fotón xa que o electrón realiza o que se denomina "salto cuántico".

A figura 31 representa un "salto cuántico". No punto A o electrón, situado en calquera órbita, ten unha enerxía igual a dez cuantos (valor de exemplo). No punto B o electrón saltou a unha órbita interior. Agora a enerxía necesaria é igual a nove quantas. O cuántico que xa non é necesario foi transferido en forma de fotón: é dicir, converteuse nun cuántico de luz.

Como veremos máis adiante, os físicos explotaron esta propiedade estimulando os electróns para que realicen un dobre salto cuántico para producir fotóns xemelgos, ou fotóns correlacionados; estudar o seu comportamento levou ao descubrimento do fenómeno chamado entrelazamento cuántico.

A dualidade onda-partícula.

A característica fundamental da física cuántica é a de poder representar unha radiación ou unha materia tanto en forma de fenómeno ondulatorio como en forma de entidade de partículas. Isto contrasta coa física clásica onde, por exemplo, a luz se describe exclusivamente como unha onda e o electrón exclusivamente como unha partícula.

Esta propiedade completamente inesperada chámase dualidade onda-partícula. Non telo considerado foi o motivo do fracaso de todas as teorías clásicas desenvolvidas anteriormente sobre o funcionamento do átomo. Unha característica fundamental da física cuántica é o principio de complementariedade, segundo o cal os dous aspectos, onda e partícula, non se poden observar simultaneamente durante o mesmo experimento. Este concepto formalizouse no principio de incerteza de Heisenberg. Heisenberg establece que non é posible medir simultaneamente e con extrema precisión as propiedades que definen o estado dunha partícula elemental. Se, por exemplo, puidésemos determinar a súa posición con absoluta precisión, teríamos a máxima incerteza sobre a súa velocidade.

A chegada da física cuántica causou desconcerto e confusión na comunidade científica que viu cuestionadas e revolucionadas as bases da súa concepción do mundo.

O propio Einstein, cando se decatou da nova realidade da física cuántica, chamouno "unha acción sinistra a distancia".

Como se informa no libro "Albert Einstein Scientist and Philosopher", Einstein escribiu no seu diario o seguinte:

> "Todos os meus intentos de axustar os fundamentos teóricos da física a estes supostos fracasaron. Era coma se perderamos o chan debaixo dos nosos pés, e non houbese lugar á vista un punto fixo no que construír".

Os descubrimentos da física cuántica requiriron unha revisitación de conceptos fundamentais como a materia, o tempo, o espazo e as relacións de causa e efecto, todos esenciais para comprender o mundo tal e como o percibimos. Seguramente a necesidade de modificalos produciu profundas crises culturais na comunidade científica. Aínda hoxe non é posible definir por completo cal é a visión exacta da realidade física, se non examinándoa por separado en distintos niveis: o das dimensións medias, é dicir, o noso nivel sensible, e o das dimensións subatómicas.

O experimento de dobre fenda.

Os logros da física moderna provocaron un cambio significativo na nosa imaxe científica do mundo: sacudiron a validez absoluta das leis naturais e transformárona nunha validez relativa. As leis naturais son verdades estatísticas, é dicir, son, por así dicir, totalmente válidas só cando se trata de cantidades macrofísicas. No ámbito das cantidades mínimas, en cambio, prever o que vai ocorrer faise incerto e imposible, xa que as cantidades moi pequenas xa non se comportan de acordo coas leis naturais coñecidas.
(Carl Gustav Jung)

Un dos experimentos máis coñecidos de física cuántica (probablemente o máis coñecido de sempre) axudaranos a comprender mellor a natureza das partículas elementais. O experimento basea a súa importancia nas súas orixes antigas: a primeira versión foi feita hai máis de dous séculos, en 1801, por Thomas Young. Posteriormente, o experimento mantivo a súa dignidade que o fixo actual en moitas reproposicións posteriores, actualizado a medida que a tecnoloxía posibilitaba versións máis actuais. Actualmente representa unha das principais claves para comprender a física cuántica e os fenómenos relacionados, incluído o enredo. Por iso tentarei ilustrar este experimento para facelo facilmente asimilable ao lector non especialista e evitando as fórmulas matemáticas.

O experimento non é conceptualmente complicado e proporei un exemplo que, creo, pode ser entendido por calquera que dende neno lle gustase tirar pedras a dianas de todo tipo, ou tiralas á auga para ver os típicos círculos concéntricos.

Levante a man quen nunca tirou pedra. Quen tirou pedras, aínda que xa non sexa novo, se dispoña a botar máis, .

O xogo consiste en colocar diante nosa unha robusta barreira na que teremos feito un burato ou fenda. A fenda é o suficientemente grande como para permitir o paso dunha pedra lanzada na súa dirección. Xusto detrás da barreira colocamos unha chapa moi fina. Neste exemplo, cando unha pedra pasa polo burato, golpea a chapa e abolla, deixando a marca do impacto.

Figura 32 Thomas Young (Milverton, 13 de xuño de 1773 - Londres, 10 de maio de 1829) foi un científico británico, famoso polas súas investigacións sobre a luz e a mecánica dos sólidos, e polas súas contribucións á fisioloxía e á egiptoloxía.

Figura 33. Werner Karl Heisenberg (Würzburgo, 5 de decembro de 1901 - Múnic, 1 de febreiro de 1976) foi un físico alemán. Foi un dos principais artífices da mecánica cuántica, coñecido por ter exposto o principio de incerteza en 1927. Recibiu o Premio Nobel de Física en 1932.

Neste punto pódese levar a cabo o experimento, tal e como se mostra na figura 34. Imos parar uns metros e tirar cantas pedras queiramos intentando que pasen pola fenda. Consideraremos só as pedras que pasan pola fenda e golpean a pantalla receptora, e ignoraremos as que perdan e son rexeitadas pola barreira.

Cada pedra que golpea a pantalla do receptor produce un só golpe (fig. 34-1).

Se abrimos unha segunda fenda na barreira (fig.34-2) os lanzamentos exitosos pasarán por unha ou outra fenda, e producirán abolladuras na pantalla do receptor en correspondencia coa fenda cruzada.

En resumo, nesta parte do experimento podemos entender que a barreira foi atravesada por proxectís sólidos únicos simplemente observando as abolladuras producidas na pantalla do receptor. Agora podemos pasar á segunda parte do noso experimento. Sumerxeremos o dispositivo, é dicir, a barreira coa fenda e a pantalla receptora, nun recipiente que conteña auga, de xeito que a fenda quede semimerxida, como na figura 35.

Esta vez non imos tirar a nosa pedra directamente á fenda, senón á auga a algo diante da barreira. A pedra producirá os típicos círculos de auga que todos coñecemos; estes propagaranse cara á barreira, atravesarán a fenda e rexurdirán polo lado oposto formando novas ondas de propagación que serán bloqueadas pola pantalla receptora.

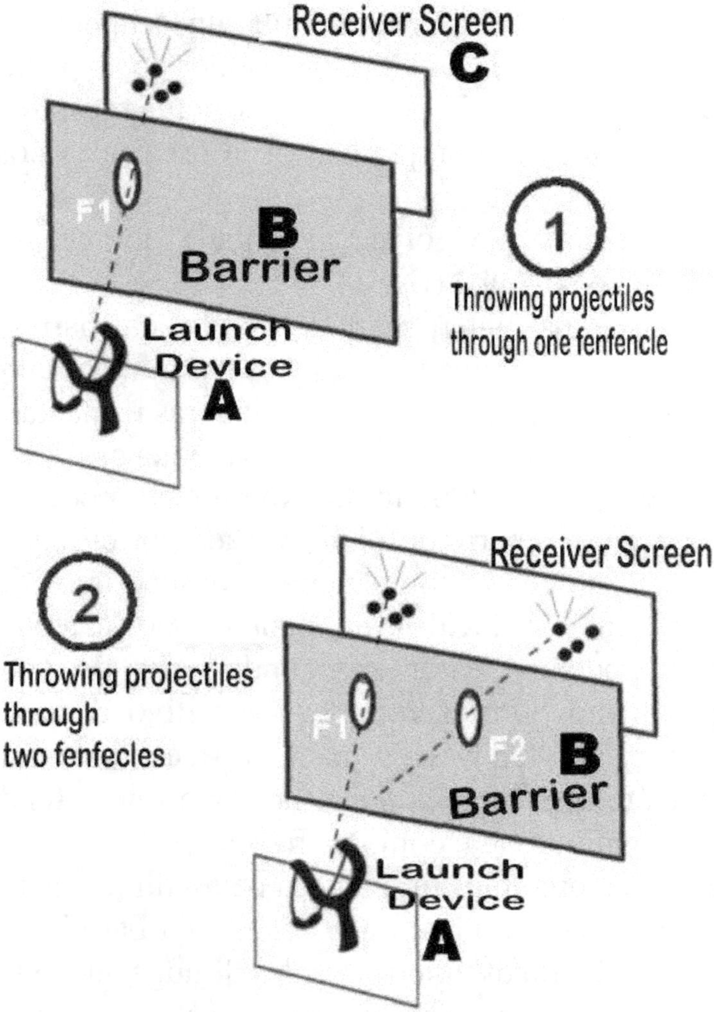
Receiver Screen
C
F1
B
Barrier
Launch
Device
A
1
Throwing projectiles
through one fenfencle
Receiver Screen
2
Throwing projectiles
through
two fenfecles
F1
F2
B
Barrier
Launch
Device
A

. Figura 34 - Simulación do experimento de dobre fenda. 1) Lanzamento de proxectís por unha fenda. 2) Lanzamento de proxectís por dúas fendas.

1) O lanzamento é a través dunha barreira cunha fenda.

A. Lanzador

B. barreira

C. Pantalla do receptor

2) O lanzamento é a través dunha barreira con dúas fendas.

A. Lanzador

B. Barreira

C. Pantalla do receptor.

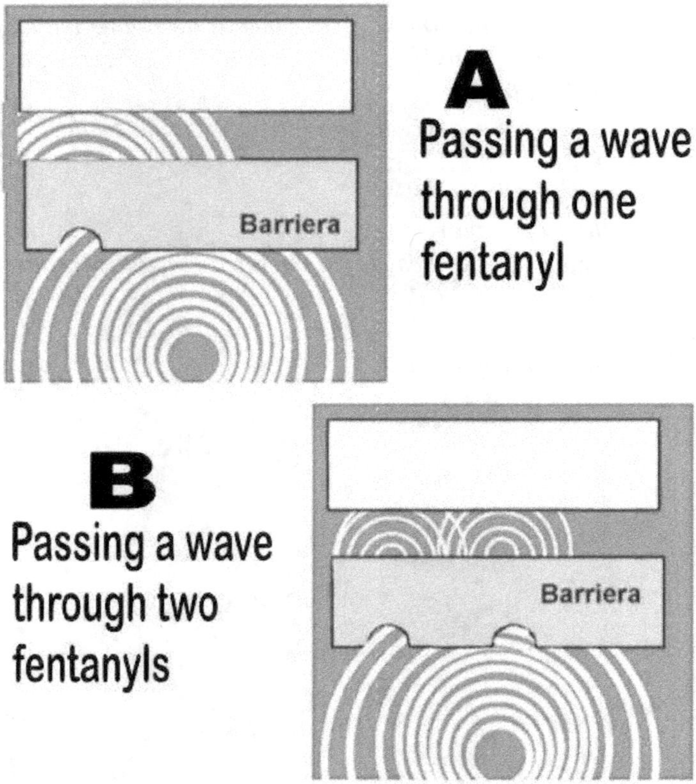

Figura 35 - Ao pasar por dúas fendas, a onda produce dúas medias ondas que, ao cruzarse, suman.

A) Paso da onda de auga por unha fenda.

B) Efecto de superposición que se produce cando a onda atravesa dúas fendas.

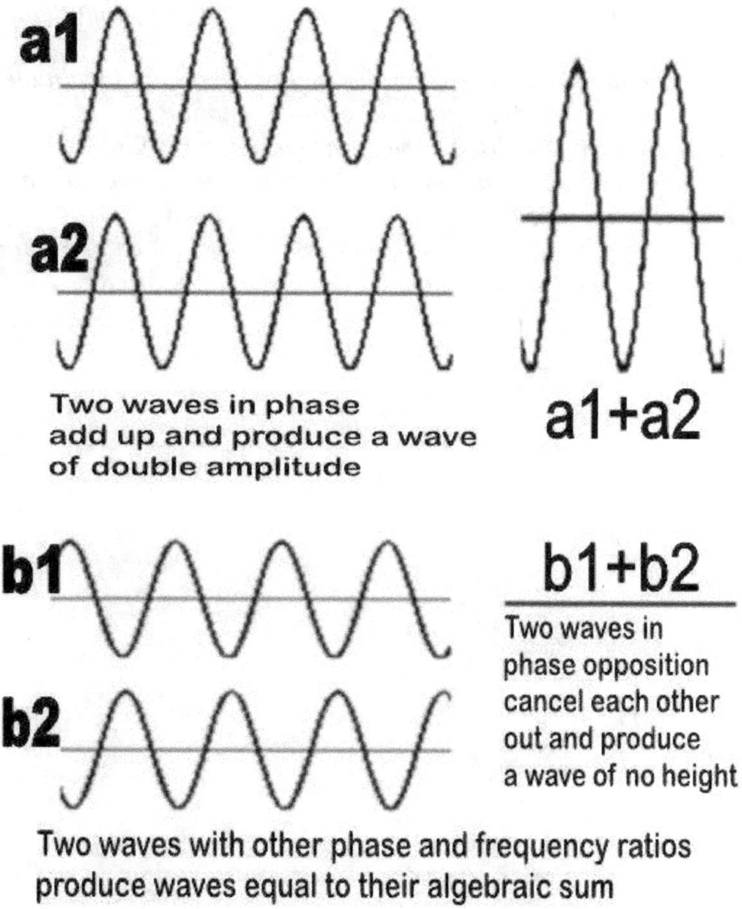
a1
a2
Two waves in phase
add up and produce a wave
of double amplitude
a1+a2
b1
b2
b1+b2
Two waves in
phase opposition
cancel each other
out and produce
a wave of no height
Two waves with other phase and frequency ratios
produce waves equal to their algebraic sum

Figura 36 - Suma de ondas con diferentes amplitudes, frecuencias e fases

A) As dúas ondas a1-a2 están en fase. As súas amplitudes suman e producen a onda a1+a2 de dobre amplitude.

B) As dúas ondas b1-b2 están en oposición de fase. As súas amplitudes suman e producen un resultado negativo, a onda b1+b2 de amplitude cero.

Se dúas ondas non están exactamente en fase ou en oposición de fase, producen unha onda igual á súa suma alxébrica.

Agora imaxinemos abrir unha segunda fenda e lanzar outra pedra, como na figura 35 .

Os círculos de auga creados pola pedra única, estendéndose diante da barreira, cruzarán ambas fisuras. Emerxendo na parte traseira da barreira de dous buratos producirá dous novos círculos de auga. Estes círculos, aínda propagándose, interferirán entre si e sumaranse.

Do dito ata agora podemos extraer algunhas conclusións sinxelas:

- Se lanzamos proxectís cara á barreira de dúas fendas, os proxectís pasan por unha ou outra fenda. Podemos verificalo mirando as abolladuras na pantalla do receptor.
- Se botamos unha pedra á auga cara á barreira con dúas fendas, producimos un grupo de círculos de auga. Estes círculos pasan por ambas fisuras e producen dous novos conxuntos de círculos de auga na parte traseira da barreira. Estes dous grupos fusionaranse e producirán un patrón de interferencia.

Así, vimos a diferenza entre lanzar unha pedra e lanzar unha onda: prodúcense abolladuras de pedras lanzadas, mentres que as ondas de propagación lanzadoras producen patróns de interferencia.

Cando a ciencia quería entender se a luz está feita de partículas ou ondas, alguén imaxinaba lanzando "destellos de luz" cara a un dispositivo como o que acabamos de describir. O experimento tendía a verificar que efectos se producirían na pantalla do receptor, "abolladuras" ou "interferencias".

Thomas Young

Thomas Young foi un científico británico, moi coñecido polas súas investigacións sobre a luz e a mecánica dos sólidos, pero tamén polas súas contribucións á egiptoloxía. Naceu en Milverton o 13 de xuño de 1773 e morreu en Londres en 1829.

Foi o primeiro de dez irmáns dunha familia cuáquera. Descríbese como un neno prodixio, e certamente foi. Efectivamente, con dous anos xa sabía ler. Aos seis anos xa dominara o latín e leu a Biblia enteira dúas veces. Pronto aprendeu outras linguas e aos catorce anos coñeceu, ademais do grego, o francés, o italiano e o hebreo, e moitas linguas orientais como caldeo, siríaco, samaritano, árabe, persa e turco.

Young licenciouse en física en 1796 en Göttingen, e en 1799 comezou a traballar como médico nun consultorio da rúa Welbeck de Londres. Unha placa na porta aínda conmemora hoxe esa colaboración. Mentres tanto, publicou os seus ensaios de forma anónima porque temía repercusións na súa reputación como médico.

En 1802 Young uniuse ao Consello da Royal Society, da que era membro desde 1794.

En física Young é moi coñecido polos seus traballos no campo da óptica, xa que foi o autor dunha investigación sobre a dualidade onda-partícula. O descubrimento do fenómeno da interferencia da luz tamén debe ser atribuído a Young. De feito, en 1801 ideou o experimento de dobre fenda.

A controversia sobre a natureza da luz comezou con Newton quen cría que era de natureza corpuscular. Máis tarde, esta hipótese foi cuestionada, polo que en 1801 Young deseñou e levou a cabo o seu famoso experimento.

Enviou raios de luz cara a unha barreira na que se fixeron dous buratos. Na pantalla do receptor colocada máis aló da barreira, obtivo un patrón de interferencia. Así, Young concluíu que a barreira fora atravesada por ondas en lugar de partículas, e confirmou a natureza ondulatoria da luz. Pero a luz é realmente unha onda?

Evolución do experimento de dobre fenda.

A principios do século XX comezaron a xurdir dúbidas introducidas polos estudos de Planck sobre os corpos negros e sobre algúns aspectos destacados por Einstein en relación co comportamento do fotón, que se parecía moito a unha partícula se se estudaba no efecto fotoeléctrico. .

En 1916, o estadounidense Robert Millikan plantexou a hipótese da existencia do fotón como partícula, como máis tarde confirmou o descubrimento do efecto Compton en 1922. Isto creou un gran problema en física, xa que a luz parecía posuír unha dualidade misteriosa que a facía aparecer. como onda ou como partícula en experimentos de diferentes tipos.

En 1924 o físico e matemático francés Louis de Broglie formulou a hipótese de que non só os fotóns, senón todos os corpos materiais, e particularmente todas as partículas, tamén posuían as propiedades físicas típicas das ondas. Esta hipótese pronto atopou confirmación experimental e deu un impulso fundamental ao desenvolvemento da mecánica cuántica. A proba experimental da dualidade onda-partícula foi obtida en 1927 por Clinton Davisson e Lester Germer, nos Laboratorios Bell de Murray Hill, no estado de Nova Jersey nos Estados Unidos de América. Estes científicos dispararon un feixe de electróns a un cristal de níquel e observaron patróns de difracción. Isto fixo posible utilizar feixes de partículas para realizar experimentos de interferencia de dúas fendas, tal e como fixera Young.

Versión moderna do experimento de dobre fenda

O experimento de dobre fenda realizouse por primeira vez nunha forma moderna usando electróns en 1961, por Claus Jönsson na Universidade de Tubinga, Baden-Württemberg en Alemaña. Despois repetiuse en 1974 no Instituto LAMEL do CNR de Boloña por Pier Giorgio Merli de LAMEL e por Gian Franco Missiroli e Giulio Pozzi, ambos do Departamento de Física da Universidade de Boloña.

O Instituto LAMEL tiña un microscopio de última xeración, un Siemens Eliskop 101, que foi calibrado e adaptado para funcionar en microscopía electrónica de interferencia.

O microscopio utilizouse tanto como interferómetro como como fonte de electróns que se facían pasar un a un por un prisma de dobre electrón e despois enviados cara a unha placa fotográfica.

Descrición do experimento baseado no lanzamento dun só fotón

Agora queremos considerar en detalle o experimento na súa clásica versión moderna, baseada no uso de fotóns únicos ou cantos de luz. Imaxinemos, polo tanto, un dispositivo capaz de lanzar fotóns únicos un a un, unha barreira cunha ou dúas fendas e unha pantalla detrás. A pantalla consiste nun cuarto escuro que contén película fotográfica. A película estará "marcada" polos fotóns que a golpeen, xa que os fotóns son luminosos.

O dispositivo na configuración dunha única fenda móstrase na Figura 37. Non se consideran os fotóns que son rexeitados pola barreira; os que pasan pola fenda marcan un punto na película fotográfica, sinal claro de que se comportaron como partículas. Ata agora nada extraordinario; os fotóns compórtanse como as nosas pedras, e o experimento suxire que os fotóns son partículas.

A figura 38 ilustra o lanzamento dun só fotón cara a unha barreira con dúas fendas. O signo de interrogación simboliza a pregunta: por que fenda pasará o fotón?

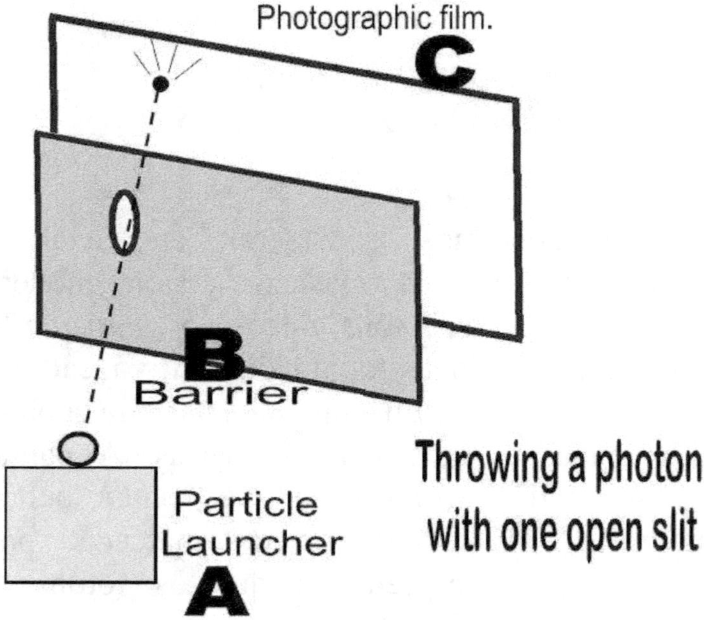

Figura 37 - Lanzamento dun só fotón cara a unha barreira cunha fenda. O fotón pasa pola fenda e afecta a un punto da placa fotográfica traseira. Así, o fotón compórtase como unha partícula.
A) Dispositivo de lanzamento.
B) Barreira cunha fisura.
c) Película fotográfica.

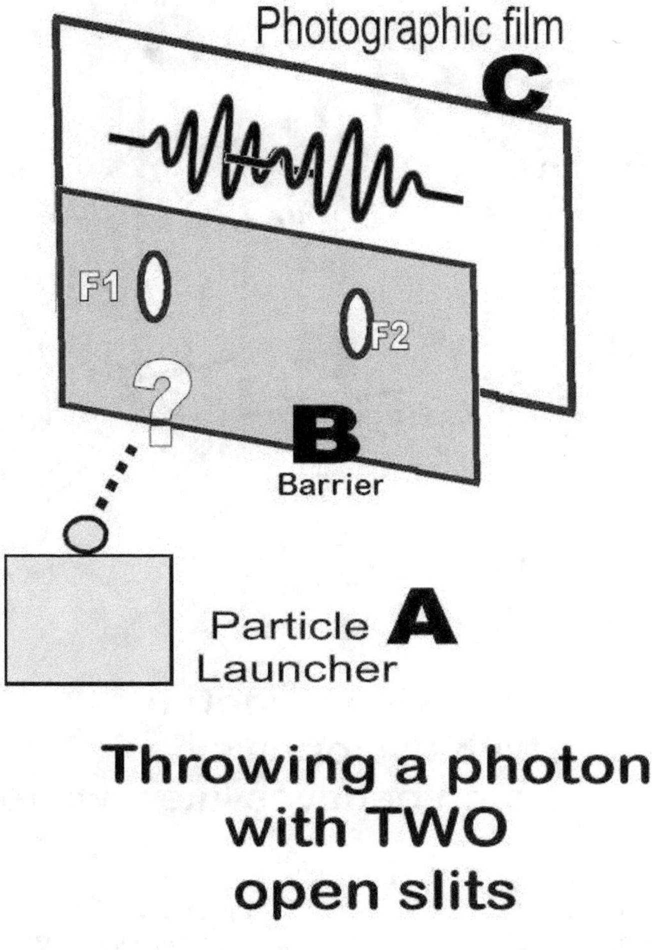

Figura 38 - Se lanzamos un só fotón cara a unha barreira con dúas fendas, esta, como partícula, pasaría só por unha mentres, en cambio, como onda, pasaría por ambas.

A) Dispositivo de lanzamento

B) Barreira con dúas fendas

c) Película fotográfica.

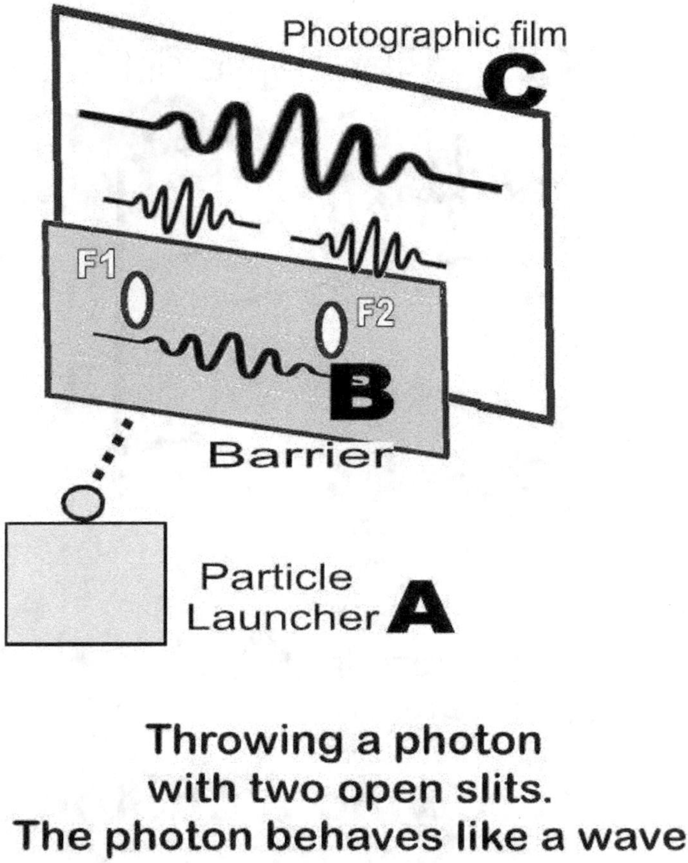

Figura 39 - De feito, o fotón único, se se enfronta a só unha fenda, compórtase como unha partícula; se ten dous diante, compórtase coma unha onda.

A) Dispositivo de lanzamento

B) Barreira cunha fisura

c) Película fotográfica.

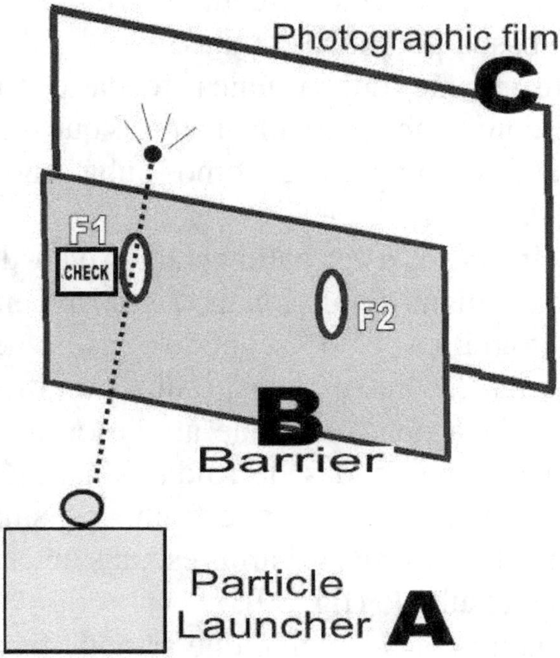

Launch of a photon with
CONTROL DEVICE.
The photon behaves like a particle

Figura 40 - Se lanzamos un fotón contra unha barreira con dúas fendas, unha das cales está equipada cun dispositivo de control para verificar o paso dos fotóns, entón o noso fotón escolle a fenda controlada e compórtase como unha partícula.

A) Dispositivo de lanzamento
B) Barreira cunha fisura
c) Película fotográfica
CHECK) Dispositivo de comprobación.

A resposta é claramente evidente na figura 39: o fotón único pasou por ambas fendas.

En efecto, diante dunha única fenda o fotón compórtase como unha partícula, mentres que diante de dúas fendas compórtase como unha onda e atravesa as dúas.

No primeiro caso, a retroalimentación vén dada polos puntos brillantes individuais que aparecen na película fotográfica. No segundo caso, nesta aparecen barras escuras e claras, é dicir, a cifra de interferencia dada pola onda que atravesou ambas fendas creando dúas ondas de saída. Máis aló da barreira as dúas ondas interfiren e suman alxebraicamente entre si. As barras escuras ou claras representan o resultado (fig. 39).

Unha primeira consideración que se pode facer é que os fotóns (pero non só, a propiedade é común a todas as partículas elementais) compórtanse, segundo os casos, como partículas ou como ondas. Isto aparece nas nosas ferramentas. Evidentemente, as partículas son partículas e ondas ao mesmo tempo.

Isto fai posible que un só fotón pase por ambas fendas simultaneamente.

Pero as sorpresas aínda non remataron. Imaxinemos que o experimentador decide verificar o paso do fotón pola fenda, partindo do principio de que o fotón é unha partícula, e por algún lugar debe pasar.

Polo tanto, coloque un instrumento xusto máis alá dunha das dúas fendas. (figura 40).

Ben, neste caso, é cando o paso do fotón está controlado por un instrumento, ocorre algo incrible, case coma se o fotón se negase a cooperar. Aínda que hai dúas fendas abertas, o fotón pasa só pola que está equipada co instrumento, e deixa un punto na pantalla traseira. Se as dúas fendas son monitorizadas, pasa só por unha mentres aínda se comporta como unha partícula. Pero se sacas as ferramentas, volve a comportarse como unha onda.

Na práctica, o fotón desafía ao experimentador demostrándolle que é un misterio irresoluble para el.

Leon Max Lederman, físico estadounidense, escribe no seu libro "Quantum Physics for Poets" do seguinte xeito:

> "Parece que un só electrón, coma por arte de maxia, pasa polas dúas fendas ao mesmo tempo se ninguén o observa, mentres elixe un posible camiño se alguén ou algo o mira! Isto é posible porque os electróns non son partículas nin ondas: son outra cousa, completamente nova. As partículas son "estados cuánticos".

Cómpre dicir que a experimentación, inicialmente limitada a partículas elementais, tamén se levou a cabo en corpos complexos. Na Universidade de Viena, Anton Zeilinger e os seus colegas implicaron "bucky balls" no experimento. Trátase de moléculas compostas por sesenta ou máis átomos de carbono ensamblados para formar unha estrutura que se asemella a unha cúpula xeodésica; este arranxo fíxose famoso polo arquitecto estadounidense Richard Buckminster e recibiu o seu nome. Obviamente, unha molécula que comprende sesenta átomos convértese nunha estrutura xigantesca cando se compara cun só fotón. Non obstante, no experimento de dobre fenda, usando "bolas de bucky" en lugar de fotóns, obtivéronse os mesmos resultados.

Con isto comprobouse que unha molécula de materia pode producir fenómenos ondulatorios como unha partícula de enerxía. Tamén estas moléculas de materia teñen polo tanto o don da ubicuidade, é dicir, ao pasar por ambas fendas, teñen a capacidade de atoparse simultaneamente en dous lugares diferentes.

É plausible a presenza en dous lugares diferentes?

Será posible no futuro levar a cabo o experimento en corpos máis complexos, compostos por miles de millóns de moléculas, como podería ser un corpo humano? Neste caso, habería confirmación científica de fenómenos controvertidos como a duplicación, a proxección astral, as viaxes fóra do corpo ou a bilocalización, é dicir, todas as experiencias extracorpóreas, tamén coñecidas polas abreviaturas OBE e ás veces OOBE (out of body).

experiencia). Todas son experiencias, cuxa interpretación segue sendo controvertida, nas que unha persoa percibe "saír" do seu corpo físico, é dicir, proxectar a súa propia conciencia máis aló dos límites do corpo. Estas experiencias pertencen ao ámbito das disciplinas parapsicolóxicas, que non están recoñecidas polo mundo científico e académico, pero están presentes en moitas culturas, tanto occidentais como orientais.

O fenómeno da bilocación formou parte da tradición védica e budista durante moitos séculos. Ao parecer, esta cultura podería transmitir, a suxeitos cunha inclinación particular, os fundamentos dos coñecementos filosóficos e espirituais para permitirlles, mediante unha longa formación, a capacidade de bilocación.

O coñecido filósofo indio Paramahansa Yogananda testemuña nos seus libros, con gran detalle, episodios que se refiren tamén a si mesmo.

Robert Allan Monroe é un escritor estadounidense, fundador en 1978 do Instituto homónimo "para a investigación sobre a conciencia humana". No seu libro "As miñas viaxes fóra do corpo" describe as disciplinas orientais e recomenda técnicas preparatorias para a iniciación á conciencia humana. fenómeno da bilocación.

No cristianismo hai moitos testemuños haxiográficos de bilocación referentes, entre outros, a San Antonio de Padua, San Francisco de Asís, San Alfonso María de Liguori, San Xosé de Cupertino, San Francisco de Paola e San Xoán Bosco

As habilidades precognitivas das partículas subatómicas.

Do experimento de dobre fenda podemos extraer conclusións que deixan abraiados ata aos físicos máis experimentados, e que probablemente pertencen máis á filosofía da física que á propia física.

Imaxinemos por un momento que o fotón ten a súa propia conciencia e é capaz de "decidir" o seu comportamento nas diversas situacións nas que se ve implicado.

Na práctica preguntámonos: cando se lanza un fotón cara á barreira, como sabe se a barreira terá unha ou dúas fendas abertas?

Porque, de feito, o fotón debería saber cantas fendas hai só despois de atravesar a barreira. Ao parecer, con todo, o fotón sábeo primeiro. De feito, o fotón decide enfrontarse á barreira en forma de partícula ou en forma de onda, antes de atravesala.

Non só; o fotón sabe, antes de atravesar un burato, se este está a ser controlado por un instrumento para verificar o seu paso. O fotón sabe cal dos dous buratos é monitorizado polo instrumento, antes de pasar por el. Nos moi breves momentos da súa existencia entre o momento en que se lanza e o momento en que se atopa coa barreira. o fotón adquire coñecemento do que lle espera. Sabe se atopará unha ou dúas fisuras e se están vixiados ou non.

Dado que o fotón non ten nin mente nin conciencia, temos que preguntarnos de onde vén a súa capacidade de "saber de antemán" o que lle espera no seu futuro inmediato. O título provocativo deste capítulo, sobre as capacidades precognitivas do fotón, suxeriría que estas realmente existen.

Probablemente si. O fotón sabe porque recibe coñecemento, de feito forma parte dunha sabedoría universal, un coñecemento que conecta todo o cosmos. O fotón sábeo porque o cosmos enteiro o sabe, e este coñecemento non ten límites de tempo, espazo ou tamaño.

A partícula non "sabe antes", sabe porque forma parte do coñecemento.

O fotón "sabe" porque forma parte dun coñecemento cósmico universal situado máis aló de calquera límite e máis aló de calquera vínculo determinado pola materia. O seu coñecemento é información e intelixencia a nivel psíquico ou espiritual puro. Ese fotón único, e todas as outras partículas do universo, non "prevén o futuro", é só parte del.

Entón xorde outra pregunta: por que os seres humanos, que basicamente estamos feitos de partículas, non posuímos o mesmo coñecemento?

Naturalmente todas as partículas que compoñen o noso corpo posúen este coñecemento, cada unha individualmente; nós, considerados como o agregado dun número infinito de partículas, deberíamos posuír un coñecemento agregado, a suma do coñecemento de todas as nosas partículas.

Hai unha gran diferenza entre a única partícula e o agregado de partículas que somos. En primeiro lugar, as partículas son membros do coñecemento universal sen ningunha mediación. As partículas forman parte directamente dela. En cambio, o noso corpo, como agregado de partículas, vese afectado por poderosos intermediarios que, de feito, se converten en separadores.

Estes mediadores negativos teñen colectivamente o nome "eu". A nosa conciencia e a nosa personalidade realizan a función de separadores cara ao coñecemento cósmico. De feito, aínda que as partículas son membros humildes que se adhiren dócilmente a este coñecemento, situámonos no centro do universo: todo o que nos rodea, o que acontece ao noso redor, as lembranzas do pasado e as expectativas do futuro están absolutamente centradas no noso persoal. cosmos.

Isto fainos decididamente pouco conformes e pouco permeables con respecto a un saber nada centrado en nós mesmos.

Consideracións semellantes a estas evocan instintivamente o terrible berro de Lucifer expulsado da presenza de Deus: "Non te servirei!". Quizais nós mesmos sexamos os anxos caídos, xa que en realidade non queremos servir a outra cousa que non sexa o noso ego e isto somérxenos nunha soidade existencial feita de egoísmo e autorreferencialidade.

Do mesmo xeito, o mito bíblico de Adán e Eva fala dunha expulsión do Edén debido á desobediencia. Deus plantara un horto do que a parella podía beneficiarse plenamente, cunha excepción:

«De cada árbore do xardín poderás comer; pero da Árbore do Coñecemento do Ben e do Mal non comerás; porque o día que comes del, seguramente morrerás".

O coñecemento do Ben e do Mal transforma a Adán e Eva en suxeitos capaces de xuízo, pero esta capacidade, por desgraza, está contaminada pola ambición de querer ser semellante a Deus.

A pesar diso, son moitos os aspectos que nos manteñen conectados, aínda que débilmente, a un "coñecemento cósmico". Aínda que este coñecemento se nos oculta, posuímos migallas de conciencia da súa existencia. Antes de nada temos o indicio dunha presenza superior a nós mesmos, que intuímos e ás veces sentimos a necesidade, como podería ser para o recordo de pais afastados ou desaparecidos. A sombra dun pai descoñecido do que sentirse abrazado planea misticamente nos nosos pensamentos, fascinanos.

Este é o sentimento que moitos chaman "a morriña de Deus". É unha nostalxia que vén de lonxe, evocada por acontecementos que moitas veces non forman parte da nosa experiencia vital; é unha nostalxia que bota man dos recordos anteriores á nosa existencia física.

Logo están as percepcións extrasensoriais, é dicir, eses escintileos que iluminan por momentos e fan practicable o camiño que nos une co coñecemento cósmico. O noso inconsciente consegue conectarse co inconsciente colectivo e, aínda que tortuosamente, flúen destellos de coñecemento dende a conciencia universal á nosa conciencia individual. Cando isto ocorre "coñecemos e vemos", por uns breves instantes, as cousas que, pola nosa condición de escravos encadeados á materia, non vemos normalmente. .

Pero o vínculo máis concreto coa sabedoría do cosmos atopamos nas sincronicidades que ateiga a nosa existencia, moitas veces na nosa indiferenza. A pesar de afundirnos no noso abismo de anxos caídos, unha man tende a nosa man para levantarnos do pozo e guiarnos cara a unha redención evolutiva espiritual e cultural. As sincronicidades son a proba de que "Coñecemento" non nos considera eternamente malditos e ve en nós a ese fillo pródigo evanxélico que, ao seu regreso, non é rexeitado polo seu pai senón acollido con alegría.

O átomo e a súa representación máis actual.

Na representación clásica do átomo, un electrón posúe unha cantidade de enerxía ben definida, capaz de mantelo nunha determinada órbita que, polo tanto, leva o nome do nivel de enerxía da órbita. En consecuencia, a órbita representa o camiño que fai o electrón arredor do núcleo mentres que o nivel de enerxía representa a cantidade de enerxía suficiente para mantelo nesa órbita.

Como vimos, a mecánica cuántica é capaz de describir o comportamento de partículas moi pequenas, como os electróns, e tamén vimos que as regras da física clásica non se aplican a estas partículas. Na visión cuántica introduciuse un novo modelo atómico máis complexo, no que xa non se fala de "Órbita" senón de "Orbital".

"Órbita" e "Orbital".

A mecánica cuántica demostrou sobradamente que non é posible definir a traxectoria dun electrón, polo que o termo "Órbita" non é apropiado. É necesario abandonar o concepto de órbita percorrida por un electrón para substituílo polo de "Orbital", tamén definido como "nube de probabilidade". Isto ocorre porque non podemos establecer con certeza cal é a posición do electrón dentro do átomo nun instante determinado ou no instante seguinte. Mediante complicadas funcións matemáticas é posible obter información sobre a posición do electrón, pero só en función da probabilidade da súa presenza nun espazo determinado arredor do núcleo (fig. 41).

Noutras palabras, mentres que "Órbita" é unha traxectoria definida, "Orbital" é unha función matemática que permite establecer onde é máis probable que atope o electrón no espazo arredor do átomo.

Todo isto é consecuencia directa dun principio fundamental da mecánica cuántica descuberto polo físico alemán Werner Heisenberg o "principio de incerteza" ou "principio de Heisenberg", segundo o cal non é posible coñecer simultaneamente a posición e a velocidade do electrón. Isto confirma a peculiaridade do comportamento das partículas elementais en comparación co dos corpos a nivel macroscópico, é dicir, a nivel das nosas dimensións e da nosa experiencia.

Ao noso nivel, de feito, é posible calcular a traxectoria e a velocidade dunha pedra con extrema precisión mesmo antes de lanzala, do mesmo xeito que se calcula o percorrido dos corpos celestes ou o itinerario de viaxe dos satélites espaciais. A nivel subatómico, con todo, esta habilidade faise imposible. O principio de Heisenberg establece unha vez máis a misteriosa diversidade do comportamento das partículas.

Polo que respecta non só ao electrón senón a calquera outra partícula elemental, só podemos definir unha determinada rexión do espazo onde se pode atopar a partícula; é precisamente esta rexión do espazo a que se chama "Orbital", e está determinada pola enerxía que posúe a partícula.

Podemos imaxinar o "Orbital" como un compromiso entre a repulsión dos distintos electróns entre si e a atracción que exerce o núcleo. Polo tanto, cantos máis protóns e electróns ten un átomo, máis complicada se fai a situación das relacións internas de atracción e repulsión; o átomo convértese nun niño de avispón no que as avespas se moven a velocidades inimaxinables ao longo de orbitais probabilísticos.

Nestas condicións, o único xeito de saber moi aproximadamente onde está un electrón e a que velocidade se move é tratalo como unha onda; o electrón estará en calquera punto X da onda que o describe. Este principio está definido por unha función matemática, a función de onda, descuberta polo físico e matemático austríaco Erwin Schrödinger.

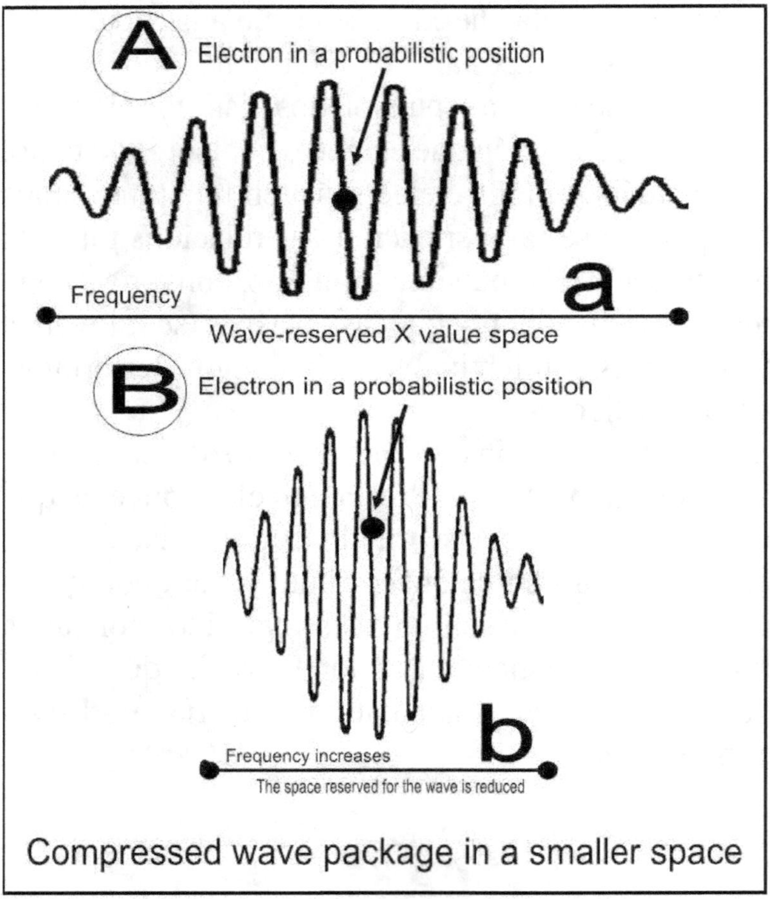

Figura 41 - Ao comprimir a rexión espacial da onda aumenta a súa frecuencia e, polo tanto, a velocidade de rotación da partícula.

R. No espazo de valor "X" a frecuencia da onda ten valor "a".

B. Nun espazo máis estreito a frecuencia da onda ten un valor "b", maior que "a".

Esta función, de feito, non define as coordenadas precisas do electrón, senón que delimita un volume de espazo dentro do cal se pode atopar con maior probabilidade.

Hoxe sabemos que as leis cuánticas poden aplicarse non só ao electrón, senón tamén ás partículas presentes nos núcleos de átomos, protóns e neutróns.

Vista dinámica do átomo.

O que se dixo ata agora proporciona unha visión do átomo moito máis dinámica que a clásica. En efecto, considerando un electrón como partícula, non podemos saber exactamente onde está, agás que está situado en calquera punto da función de onda que o describe (fig. 41A).

A física moderna chegou a concibir o universo como unha rede inextricable, dentro da cal as relacións son absolutamente dinámicas, non estáticas. En mecánica cuántica este aspecto dinámico, se é posible, realízase e é unha consecuencia directa da natureza ondulatoria das partículas. En consecuencia, as propiedades das partículas subatómicas só se poden entender no contexto da súa dinámica.

O feito de que as partículas sexan tamén ondas provoca un comportamento aparentemente estraño que hai que ter en conta. Se forzamos unha partícula a entrar nun espazo determinado, esta reacciona movéndose nese espazo. Canto máis restrinxido o espazo, máis rápido será a axitación.

Esta propiedade faise comprensible examinando a Figura 41.

Na parte superior represéntase a función de onda dun electrón, encerrado nunha rexión do espazo de valor X co electrón situado nunha posición probabilística.

Na parte inferior da figura 41B, ao restrinxir o espazo dispoñible, a onda vibra a maior frecuencia e isto provoca un aumento da velocidade do electrón. Canto menor sexa a rexión límite, máis aumentará o movemento do electrón.

A tendencia das partículas a reaccionar ante cada estreitamento do espazo aumentando a súa velocidade xera o estado de axitación da materia, propio do mundo subatómico.

Despois de todo, mesmo no núcleo non hai inmobilidade, pola contra, se é posible, a axitación adquire formas paroxísticas. Podemos entender isto se temos en conta que o volume do núcleo é un billón de veces menor que o volume total do átomo. De feito, como xa comentamos, se o núcleo tivese as dimensións de 3-4 milímetros, o electrón máis externo xiraría nun volume esférico cun diámetro duns 100 metros. No volume de espazo dun núcleo tan incriblemente pequeno entran en xogo dúas forzas: por unha banda, a repulsión entre os protóns, que todos teñen carga eléctrica positiva, tende a "explotar" o núcleo no espazo. Por outra banda, porén, entra en xogo a interacción nuclear forte que exerce atracción entre todas as partículas compostas por quarks. Por iso, o núcleo vibra, nun eterno conflito feito de repulsa e atracción, cunha velocidade exaltada exponencialmente polas súas reducidas dimensións.

"Cousas" ou acontecementos?

Dado que as partículas forman parte de estruturas máis grandes, como moléculas e grandes masas de materia, estas tamén teñen unha tendencia a moverse nunha danza perpetua, é dicir, están axitadas de forma natural. A mecánica cuántica demostra que a materia nunca está inerte, senón que está en constante movemento. Aínda que a nivel macroscópico os obxectos nos parecen inmóbiles e sólidos, na súa composición íntima aferráronse de actividade frenética.

Os obxectos da nosa realidade cotiá están compostos por átomos que se conectan entre si para formar todas as estruturas moleculares que coñecemos. Estes vibran en harmonía coa temperatura ambiente. Os electróns están unidos aos átomos por forzas eléctricas de atracción e repulsión que os apertan cara ao núcleo provocando así unha velocidade de rotación moi elevada. No mesmo núcleo os protóns e neutróns redúcense a volumes tan pequenos que provocan a súa axitación a velocidades dificilmente imaxinables.

Canto máis se afonda no estudo do átomo, máis evidente resulta que non é o compoñente último da materia, sólido e compacto, como suxire Newton, senón un conxunto de actividades, é dicir, vibracións debidas a partículas que son ao mesmo tempo ondas. , en eterno movemento frenético nun espazo maiormente baleiro.

Karl Raimund Popper, filósofo austríaco e estudoso dos métodos a través dos cales alcanzar un coñecemento certo e científico das cousas, atribúe á metafísica, se se entende correctamente, a función de estimular o progreso. O determinismo físico é fortemente contestado por Popper, tanto desde o punto de vista científico como como presuposto do totalitarismo. No seu volume "O ego e o seu cerebro" Popper expresa os seus pensamentos sobre o universo material nestes termos:

> "A materia resulta ser unha enerxía moi concentrada, transformable noutras formas de enerxía e, polo tanto, algo de natureza procesual, xa que se pode converter noutros procesos como a luz e, obviamente, o movemento e a calor. Podemos dicir entón que os resultados da física moderna suxiren a necesidade de abandonar a idea dunha substancia ou esencia.
>
> Agora (como destacou especialmente A. N. Whitehead) o universo non aparece como unha colección de cousas, senón como un conxunto de eventos e procesos que interactúan.
>
> Polo tanto, un físico moderno pode moi ben dicir que as cousas físicas -corpos, materia- teñen unha estrutura atómica. Pero os átomos teñen á súa vez unha estrutura que dificilmente pode ser definida como "material" e certamente

> non "substancial":(...) Na historia do materialismo e especialmente do atomismo, a realidade da materia foi considerada dubidosa non só polos filósofos idealistas. como Berkeley e Hume, pero tamén por físicos como Mach, xusto na época en que estaba xurdindo a teoría cuántica".

Na súa teoría da electrodinámica cuántica (definida como "a xoia da física"), o físico Richard Feynman suxire que do principio de incerteza de Heisenberg se desprende que o baleiro cuántico, tamén chamado "campo de punto cero", está impregnado por un mar de flutuacións que crean pares de partículas virtuais e antipartículas, que se aniquilan entre si nun tempo inversamente proporcional á súa enerxía.

A famosa fórmula de Einstein E=mc2 afirma que a materia e a enerxía son convertibles entre si. Polo tanto, a enerxía pode adoptar moitas formas: pode ser clásicamente mecánica en dúas modalidades, cinética ou potencial; ademais, pode ser enerxía química, electromagnética, gravitatoria, térmica, nuclear. Todas estas expresións de enerxía son compoñentes da mesma enerxía global, que pode cambiar de forma pero non pode eludir a regra de que a cantidade permanece sempre a mesma. Na súa inmutabilidade e convertibilidade, a enerxía xoga o papel de conectar todos os fenómenos físicos nunha rede de transformacións, pero calquera transformación física debe necesariamente prever que a cantidade de enerxía, antes e despois, siga sendo a mesma. Polo tanto, a enerxía non se pode destruír senón que pode adoptar diferentes formas. Mellor aínda, está en constante transformación.

Localidade e non localidade.

Localidade define a zona na que hai manifestacións de enerxías e acontecementos delimitados polas leis da física clásica; na realidade local está vixente a causalidade ou o determinismo (todo acontecemento está determinado por un suceso anterior), toda a realidade está sometida á frecha do tempo que só avanza. En calquera caso, non é posible superar a velocidade da luz. Esta limitación impide a existencia de comunicación instantánea de información a grandes distancias. Ademais, calquera enerxía que leva algunha información sofre unha diminución de potencia que é aínda maior canto máis se afasta da fonte, como ocorre cunha luz ou un son que se fai cada vez máis tenue a medida que aumenta a distancia.

No dominio "non local", en cambio, hai acontecementos e manifestacións que non están suxeitos ás restricións típicas do dominio local: non están limitados nin polo tempo nin pola distancia. No ámbito non local non hai onte e hoxe, antes e despois, senón só "agora e sempre". Así mesmo, non hai alto e baixo, preto e lonxe, senón só "aquí e en todas partes".

Enredo cuántico.

As entidades implicadas nun "entrelazamento", partículas ou fotóns, están conectadas entre si porque foron producidas por un proceso que as unía dunha forma especial. Por exemplo, dous fotóns emitidos polo mesmo átomo. Tales fotóns ou partículas permanecerán "enredados", é dicir, acoplados, para sempre. Se se actúa sobre un dos dous dalgún xeito, o seu "xemelgo", onde queira que estea no universo, tamén reaccionará instantáneamente.

(Amir Dan Aczel, matemático e físico israelí)

O comportamento ondulatorio da materia está na base doutro fenómeno cuántico sorprendente coñecido como "enredo cuántico", un termo inglés que se pode traducir como "entrelazamento". O enredo representa un dos fenómenos máis misteriosos e aínda esencialmente inexplicables de toda a física moderna. Segundo Erwin Schrödinger, un dos pais fundadores da mecánica cuántica, é sen dúbida o elemento caracterizador de toda a teoría.

O enredo ten propiedades tan incribles que levaron a Einstein a dubidar da realidade do fenómeno. En 1935, xunto con Boris Podolsky e Nathan Rosen, formulou o famoso "paradoxo EPR" (chamado así polas iniciais dos apelidos dos tres científicos) que, no propio significado do nome, destacaba o fenómeno do enredo como paradoxal. .

En verdade, o paradoxo EPR, considerado inicialmente como unha refutación válida do enredo, contiña un erro fundamental, destacado en 1964 por John Stewart Bell e confirmado en 1982 polos experimentos de Alain Aspect. Máis tarde, en 1998, Anton Zeilinger e outros melloraron os experimentos de Aspect e confirmaron os seus resultados.

Hoxe podemos concluír que en innumerables estudos a física cuántica demostrou ser capaz de producir predicións experimentais correctas ata unha precisión nunca acadada ata agora, e realmente observáronse os fenómenos de correlación entre partículas, propios do enredo cuántico. Na actualidade, esta teoría é a base de tecnoloxías emerxentes como os ordenadores cuánticos e a criptografía cuántica e permitiu realizar experimentos relacionados coa teletransportación, nos que se concentran as expectativas do mundo tecnolóxico.

O principio de superposición cuántica.

Ao examinar o experimento de dobre fenda realizado enviando só unha partícula á vez, vimos que a partícula pasa por ambas fendas e crea un fenómeno de interferencia. É evidente que a partícula, sendo a única presente, interfire consigo mesma. Este é un fenómeno abraiante pero real, que leva o nome de "Principio cuántico de superposición de estados".

O principio de superposición confirma que dous ou máis estados cuánticos poden ser "superpostos", é dicir, sumados, e o resultado será outro estado cuántico válido. Prodúcese algo semellante ás ondas superpostas na auga.

Polo tanto, o estado dun sistema pode estar composto por dous ou máis estados, de xeito que compartan algunhas das propiedades de cada un dos estados que o compoñen.

Se etiquetamos con A e B dúas propiedades diferentes dunha mesma partícula, como:

estado A: a partícula está na localización F1

estado B: a partícula está no lugar F2

entón a superposición de estados desa partícula pódese escribir como A+B porque ten algo en común tanto co estado A como co estado B (fig. 42).

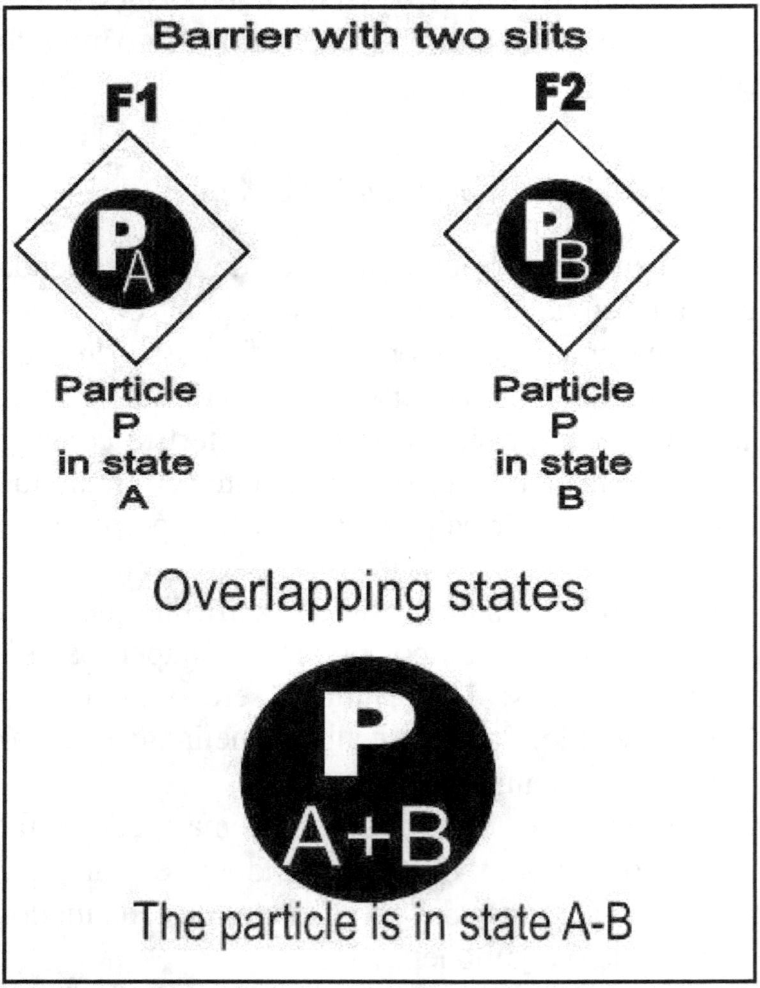

Figura 42 - A partícula P que pasa por ambas fendas está nun estado de "superposición cuántica".

F1 A partícula P pasa pola fenda F1 e ten o estado Pa

F2 A mesma partícula P tamén pasa pola fenda F2 e ten o estado Pb

A partícula P está en "superposición de estados". O seu estado é P(a+b)

A partícula está no estado A cando pasa pola fenda F1, e no estado B cando pasa pola fenda F2. Dado que a partícula pasa por ambas fendas simultaneamente, está simultáneamente nos dous estados, é dicir, nun estado de superposición, que se escribe A+B e é unha combinación dos dous estados.

"A partícula está no estado A"

"A partícula está no estado B".

Se observamos a partícula mentres atravesa a barreira veriamos pasar só por unha das dúas fendas e non obteriamos o fenómeno de interferencia; se, pola contra, non o observamos, pasa por ambas fendas, xera o estado de superposición e sinalizano producindo as figuras de interferencia na pantalla traseira.

O principio de superposición é un dos maiores misterios da física cuántica, e é a clave indispensable para comprender o fenómeno do enredo.

A correlación de partículas subatómicas.

A correlación pódese considerar o resultado do enredo: dúas partículas que se enredaron entre si dise que están correlacionadas. Isto significa que as partículas están conectadas para formar un sistema entretecido, e que reaccionan ao unísono, cada unha ante eventos que afectan á outra. Actúan igual que os xemelgos, como aqueles cuxas historias presentei ao comezo deste libro.

Polo tanto, dúas partículas relacionadas pódense considerar xemelgas. Do mesmo xeito que os xemelgos humanos están implicados no mesmo nacemento, as partículas elementais enredan cando se ven implicadas nun fenómeno que lles interesa dun xeito non trivial.

Os casos dos irmáns McWhirter e das irmás Furness poden considerarse extraordinarios porque os protagonistas reaccionaron ante os acontecementos que afectaron ao seu xemelgo sen causa aparente, polo que trastorna o principio de causalidade segundo o cal calquera suceso que ocorre no universo debe ser a causa. doutro suceso acontecido con anterioridade. De feito, incluso as partículas correlacionadas reaccionan cada unha a eventos que afectan á outra (ou a outras) sen ningún vínculo causal. De feito, a reacción dun dos xemelgos prodúcese cando descoñece totalmente o que lle pasa ao outro.

O mesmo ocorre tamén no caso das partículas entrelazadas: as variacións de estado non son sucesivas entre si, senón contemporáneas; e isto, ollo, a calquera distancia que estean as partículas.

Esta circunstancia é un verdadeiro crebacabezas para os físicos xa que só pode significar dúas cousas:

- as partículas comunícanse entre si transmitindo sinais a unha velocidade practicamente infinita, e en todo caso superior á da luz,

- hai outra forma de comunicación que ignora o espazo e o tempo. Polo tanto, é unha forma puramente psíquica, semellante ao pensamento. capaz de ir ao instante en todos os lugares do universo, no pasado no futuro, sen ningún límite físico.

Porén, mesmo este exemplo é imperfecto porque prediciría que unha das dúas partículas lanzaría unha "chamada" á outra, en todo caso, aínda que á velocidade do pensamento.

Pola contra, as dúas partículas deciden a súa variación simultaneamente; ningunha partícula o decide primeiro. Se isto ocorrese, a causalidade volvería entrar en xogo: aínda que a unha velocidade extrema. Non é o caso: as partículas compórtanse coma se fosen unha soa partícula.

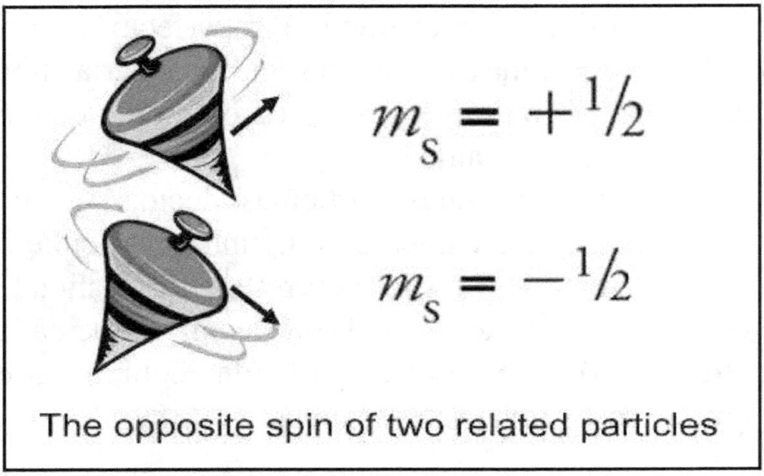

Figura 43 - O espín (rotación) introduciuse inicialmente en relación co "momento magnético intrínseco" do electrón.

O enredo é unha "restricción de coherencia". Por exemplo, se dous fotóns con espíns opostos se correlacionan formando un sistema entrelazado, a variación do espín (fig. 43) dun afecta simultáneamente ao espín do outro. Non hai forma de verificar que variación veu primeiro.

A figura 31 ilustra un método utilizado nos laboratorios para obter partículas correlacionadas. No punto A, un electrón situado en calquera órbita ten unha enerxía de 10 (valor de exemplo). No punto B o electrón saltou a unha órbita interior; agora a enerxía necesaria é menor, e podemos considerala igual a 9. A cantidade innecesaria, (un quantum), utilizouse para xerar un fotón.

Para obter dous fotóns correlacionados, un electrón será dobre salto.

Imaxinemos que deste xeito obtivemos dous fotóns correlacionados e examinemos as relacións entre eles.

Superposición de dúas partículas.

Partiamo dal presupposto che ciascuna delle due particelle (P1 e P2) possa trovarsi contemporaneamente in due luoghi e possieda perciò due stati. La particella P1 possiederà gli stati P1A e P1B, mentre la particella P2 possiederà gli stati P2Y e P2Z. Ricordiamo che gli stati A, B, Y e Z rappresentano luoghi diversi in cui possono trovarsi le particelle (*figura 44*).

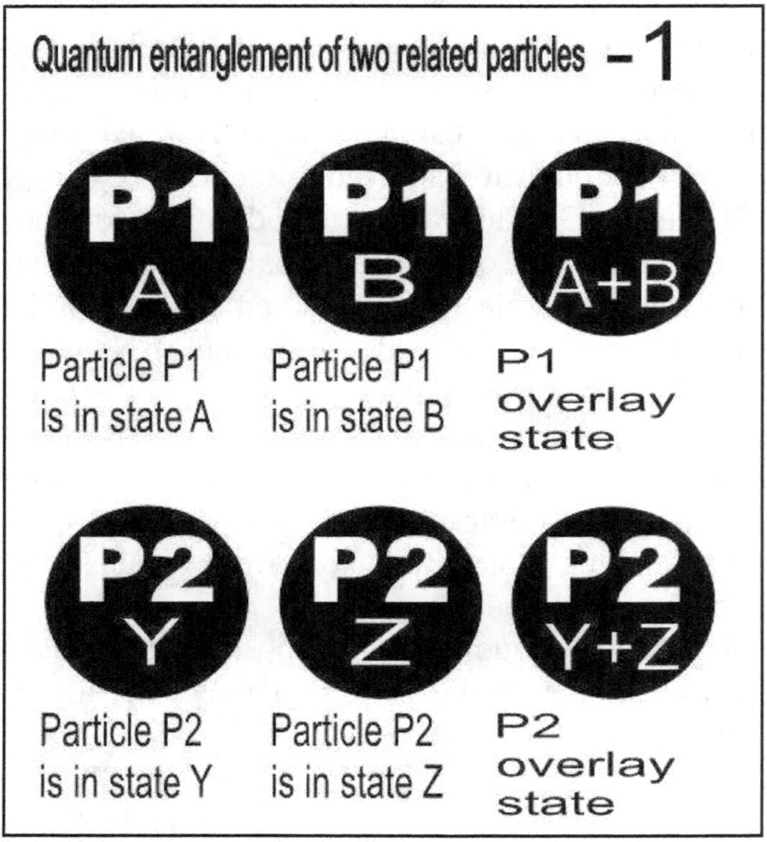

Figura 44 -
"Enredo cuántico" de dúas partículas relacionadas. (Primeira fase)
As dúas partículas P1 e P2 teñen dous estados.
A partícula P1 está en superposición (P1(a+b)
A partícula P2 está en superposición (P2(a+b)

As dúas partículas relacionadas teñen a propiedade de posuír dous estados. Imaxinemos agora que a partícula P1 está no estado A e a partícula P2 no estado Y. O resultado é un sistema de dúas partículas co estado AY, que se denomina "estado produto". Se, pola contra, imaxinamos que a partícula P1 está no estado B e a partícula P2 no estado Z, o resultado é o estado produto BZ (figura 45).

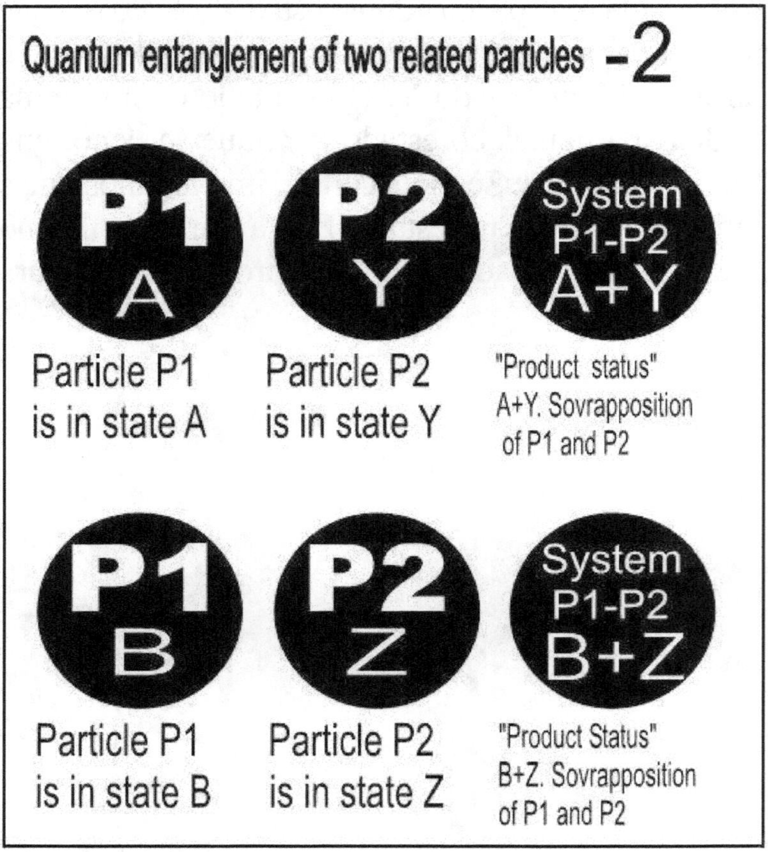

Figura 45 -

"Enredo cuántico" de dúas partículas relacionadas. (Segunda fase)

"Estado do produto" das partículas relacionadas P1 e P2

As dúas partículas P1a e P2y producen o estado de superposición P1-P2(a+y)

As dúas partículas P1b e P2z producen o estado de superposición P1-P2(b+z)

Neste punto, cun paso máis, podemos aplicar o principio de superposición ao conxunto dos dous sistemas AY + BZ.

Este estado chámase "estado enredado" (Figura 46*)*.

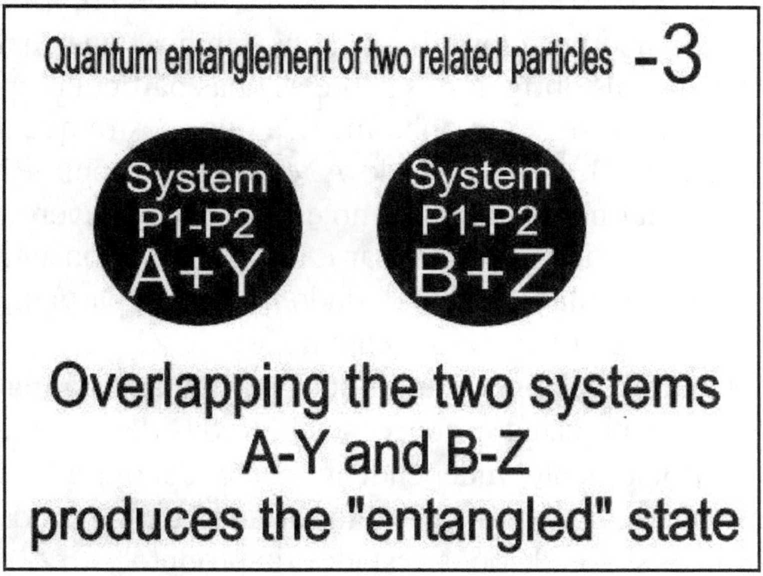

Figura 46 – "Enredo cuántico" de dúas partículas relacionadas. (Terceira etapa).

A superposición de dous sistemas AY e BZ produce o estado "entrelazado".

A superposición dos dous sistemas chámase "enredamento". O "estado do produto" AY indica que a partícula P1 está no estado A e a partícula P2 no estado Y.

Do mesmo xeito, o estado do produto BZ indica que a partícula P1 está no estado B e a partícula P2 no estado Z.

O estado entrelazado AY + BZ, que representa unha superposición de estados, indica que hai conclusións obrigatorias sobre as dúas partículas.

De feito, se se fai unha medida que mostra que a partícula P1 está no estado A, entón a partícula P2 debe estar necesariamente no estado Y, e viceversa.

Así mesmo, se ao realizar a medición se constata que a partícula P1 está no estado B, entón a partícula P2 debe estar necesariamente no estado Z.

Noutras palabras, cando dúas partículas están en estado entrelazado, non é posible considerar unha individualmente independentemente da outra. En definitiva, o estado entrelazado resulta da superposición de dous "estados do produto".

Unha vez que dúas partículas están correlacionadas, prodúcese entre elas un estado entrelazado que non ten en conta o tempo nin o espazo. Calquera intervención sobre unha das dúas partículas produce simultaneamente un cambio recíproco na outra, onde queira que estea no universo.

O físico danés Niels Bohr, fundador da célebre Escola de Copenhague, fixo contribucións fundamentais á comprensión da estrutura do átomo e á mecánica cuántica, e por estas recibiu o Premio

Nobel de Física en 1922. En canto á correlación de partículas el dixo:

> "Aínda que dous fotóns correlacionados estivesen en dúas galaxias diferentes, sempre seguirían sendo unha única entidade, e a acción realizada por un dos dous fotóns tamén tería un efecto sobre o outro".

Con isto, o enredo proclama solemnemente que o universo non está todo suxeito ás leis da física clásica, pero, polo menos a nivel subatómico, estas leis xa non son válidas.

O feito de que as dúas partículas "enredadas" sigan comportándose ao unísono sexa cal sexa a distancia entre elas supón un problema aparentemente irresoluble.

Como se comunican as dúas partículas entre si? Certamente non con sinais enviados por métodos clásicos; estes, de feito, esvaecíanse a medida que aumentase a distancia e en todo caso non poderían superar a velocidade da luz. Certamente debe existir unha posibilidade de comunicación non física.

La non località e i fenomeni extrasensoriali.

A característica máis sorprendente e intrigante que se desprende do dito ata agora é que as partículas subatómicas son capaces de intercambiar información de forma instantánea, é dicir, están conectadas de forma non local; dito máis sinxelamente, a información non pasa por ningún lugar físico para conectar as dúas partículas; o nivel non local é un nivel puramente psíquico (para evitar utilizar o termo espiritual), é dicir, composto por información pura, ou intelixencia.

Tamén se podería argumentar que as dúas partículas só están aparentemente separadas mentres permanecen, en efecto, unha, xa que é exactamente como se comportan. Isto non resolve o problema. Non obstante, se as dúas partículas fosen unha, entón todo o universo debería ser un, é dicir, non estaría feito de obxectos separados (excepto a nivel macrofísico) mentres que a nivel subatómico sería unha única realidade.

Quizais esteamos a falar do "Unus Mundus", o concepto xurdido da colaboración de Jung e Pauli, ou quizais esteamos a falar do universo implícito teorizado por David Bohm. Aínda neste caso, con todo, sería necesaria unha única intelixencia universal para gobernar o Cosmos.

Albert Einstein opúxose firmemente ao principio de non-localidade porque violaba as leis físicas que el mesmo formulara, todas elas baseadas na localidade. Tentou constantemente na súa vida desenvolver unha teoría capaz de unificar os conceptos da física clásica cos da cuántica; por desgraza, non o conseguiu.

En 1982, seguindo os experimentos realizados por Alain Aspect, confirmouse definitivamente a teoría do enredo e con ela o concepto de non-localidade. Dende entón sabemos que o "realismo local" que percibimos na nosa dimensión non é unha lei absoluta da natureza.

Neste punto faise posible imaxinar que o espazo e o tempo son inconsistentes e só existen a nivel perceptivo. O experimento de Aspect mostrounos que existe unha conexión entre partículas que vai máis aló do espazo-tempo. Ademais, dado que todo o universo está formado por partículas, podemos preguntarnos se o fenómeno da non-localidade debe limitarse só á realidade subatómica ou se tamén pode manifestarse entre obxectos máis grandes, ou mesmo entre seres vivos.

É posible que os organismos biolóxicos, como os humanos, accedan ao nivel non local? Se a resposta fose afirmativa, poderiamos imaxinar un intercambio de información entre distintos organismos con medios pouco convencionais, a través desa dimensión misteriosa que é a non-localidade.

De feito, esta posibilidade non debe ser excluída, ao contrario que existe e é moi estendida e coñecida. Chámase telepatía.

Unha característica da telepatía é que funciona mellor entre persoas vinculadas por particulares lazos afectivos ou de parentesco, como nais e fillos, é dicir, "enredados" entre eles emocionalmente.

O noso cerebro é certamente capaz de procesar desexos de conexión coas persoas máis próximas a nós. Quizais a non-localidade represente o medio ata agora descoñecido polo que se poden realizar esas comunicacións. Aínda que os seres humanos non saiban utilizar plenamente a telepatía, aínda teñen os medios para facelo, é dicir, unha mente capaz de procesar pensamentos e querer transmitilos. Ás veces isto ocorre espontáneamente, é dicir, ocorre aínda que non poidamos explicar como ocorre.

A telepatía probablemente consiste nun fenómeno de correlación entre mentes. A conciencia, no exercicio da súa capacidade para desenvolver intencións, pode correlacionar dous cerebros poñéndoos nun estado enredado.

Outro aspecto que se podería vincular á non-localidade é o relativo aos fenómenos de previsión e premonición.

En efecto, no nivel non local poderíanse recoñecer grandes correspondencias co inconsciente colectivo, o nivel cósmico teorizado por Jung que contén toda a historia e a sabedoría da humanidade na súa evolución. A posibilidade dun "enredo" que se desenvolva a nivel non local coincide coa posibilidade dun nivel colectivo de conciencia e fai plausible que as conciencias individuais poidan acceder aos seus contidos pasados, presentes e futuros.

Neste sentido, os experimentos de Alain Aspect e os seus colaboradores tamén poderían considerarse experimentos de metafísica cuántica. Ao demostrar a non-localidade demostraron tamén a existencia dun nivel que transcende a realidade do espazo-tempo, e desmentiron a hipótese dun universo puramente material.

Brian Josephson é un físico galés, nado en Cardiff en 1940. Cando só tiña 22 anos descubriu o efecto

Josephson e, como resultado, en 1973 recibiu o Premio Nobel de Física.
Josephson é un dos científicos máis famosos entre os que apoian a posibilidade de que os fenómenos parapsicolóxicos sexan reais. Particularmente aventurouse no estudo do misticismo oriental, e as posibles implicacións que podería presentar en relación á interpretación dos fenómenos científicos en clave mística ou metafísica.
En particular, Josephson afirma que un dos seus métodos orientadores é: "nullius in verba" (Non confíes nas palabras de ninguén) con referencia ao feito de que:

> "...se todos os científicos rexeitan unha idea, isto non debe considerarse necesariamente como unha proba de que a mencionada idea é absurda; pola contra, é necesario examinar coidadosamente as motivacións destas opinións, para avaliar se apoian o escrutinio dun escrutinio coidadoso. exame."

Un universo "enredado".

Brian Greene é un físico estadounidense, un dos máis importantes estudosos da teoría de cordas. Publicou o libro "O tecido do cosmos. Espazo, tempo, realidade".
Neste libro, centrándose no enigma do tempo, Greene establece que ningunha regra física confirma

a idea de que o tempo flúe nunha dirección particular. Ademais, entre os temas deste libro, ademais dunha exposición básica da teoría de cordas, pódese atopar o tratamento do enredo cuántico. Trátase esencialmente dunha análise da natureza da realidade con excursións a temas como o espazo-tempo, a cosmoloxía e as orixes do universo (a chamada teoría do todo).

Greene cre, de feito, que o universo é un todo intrinsecamente enredado e coherente consigo mesmo.

Outra confirmación autorizada vén do libro "The Non-Local Universe: The New Physics and Matters of the Mind", un texto escrito por dous físicos, Robert Nadeau e Menas Kafatos. Aquí tes unha cita frecuentemente tomada deste texto:

> "Todas as partículas da historia do cosmos interactuaron con outras partículas da forma detectada polos experimentos de Aspect. Practicamente todo o noso medio físico inmediato está formado por quantas que interactuaron deste xeito con outros quantas desde o big bang ata o momento presente. (...) Tamén hai que ter en conta que o enredo cuántico crece exponencialmente co número de partículas implicadas no estado cuántico orixinal e que non existe un límite teórico para o número destas partículas entrelazadas.
>
> Se este é o caso, o universo nun nivel moi básico podería ser unha vasta rede de

> partículas, que permanecen en contacto entre si a todas as distancias e en tempo cero e sen transferencia de enerxía ou información. Isto suxire, por estraño ou estraño que pareza, que toda a realidade física é un Sistema Cuántico Único que responde unánimemente a futuras interaccións.

De feito, se temos en conta a teoría do Big Bang que describín anteriormente, a súa suposición básica resulta ser a moi poderosa explosión, que ocorreu hai uns 15.000 millóns de anos, dunha "singularidade" enerxética puntual. Desa "singularidade" nacería, grazas a unha expansión aínda en curso, todo o universo. Isto significa que todo o universo foi inicialmente comprimido nunha realidade de densidade case infinita. O feito de que todas as partículas estivesen tan estreitamente conectadas e que todas naceran do mesmo evento explosivo fai que sexa lexítimo pensar que todas as partículas do universo están realmente enredadas entre si.

Non só iso, é posible supoñer a hipótese de que todas as partículas do universo gardan un recordo do seu irmandamento con todas as outras partículas. Isto significa que a separación da realidade en "cousas" é só unha ilusión. A separación débese á forma en que percibimos o nivel macroscópico do universo. En realidade, o universo, aínda que estea expandido en miles de millóns de galaxias con miles de millóns de anos de distancia entre si, non deixa de ser unha cousa, porque está unido nas súas profundidades con vínculos non locais, máis aló de todo espazo e de todo tempo. Se isto se puidese demostrar, tamén se demostraría que todos vivimos nunha inmensa realidade holística onde cada parte vale o todo porque inclúe o todo.

Seguro que aínda hai moitas cousas que non sabemos e que mesmo poden superar a nosa imaxinación.

Sicuramente, ci sono ancora molte cose che non conosciamo e che possono addirittura superare la nostra fantasia.

As confirmacións do enredo cuántico.

Einstein equivocouse cando dixo: "Deus non xoga aos dados". De feito, o estudo dos buracos negros fai pensar que Deus, ademais de xogar aos dados, ás veces nos confunde lanzándoos onde non os vemos.
(Stephen Hawking)

Probablemente alguén lembrará "Noein". É unha serie animada de ciencia ficción de 2005 producida polo estudo Satelight, composta por 24 episodios, concibida e dirixida por Kazuki Akane.

Noein, o personaxe do que toma o nome a serie, é unha figura evanescente, caracterizada por unha máscara dourada cun só ollo. É el quen tece a trama dos acontecementos dende o principio. Está profundamente imbuído das teorías da mecánica cuántica.

Noein trata o concepto de tempo como unha dimensión que resoa con outras liñas do tempo. En particular, ve como o universo se ramifica nun número infinito de probabilidades, favorecendo a interpretación de "moitos mundos" de Hugh Everett. Porén, Noein tamén incorpora moitos aspectos da interpretación de Bohr e da Escola de Copenhague, segundo os cales a presenza dun observador é fundamental para determinar o colapso da onda de probabilidade nunha situación medible.

Haruka, un personaxe feminino, ten o poder de "observadora" dentro do multiverso, un poder que a fai capaz de determinar o resultado dunha acción simplemente "observándoa".

No episodio "Overlays", Uchida explica o paradoxo do gato de Schrödinger ao seu gardacostas Koriyama. Esta é unha situación ideal na que só un observador é capaz de confirmar a morte do gato no momento en que abre a caixa. No mesmo episodio tamén se fai referencia á frase "Deus non xoga aos dados", unha famosa cita de Albert Einstein.

"Deus non xoga aos dados, sabías iso? Digamos que tiras un dado e ese tirado aparece co número seis".

"Preferiría o número un, porque é o primeiro".

"Está ben, un ou seis é o mesmo. Entón, digamos que saíu o número un. Tamén podería saír o número cinco, ou podería saír o número catro. Teñen a mesma probabilidade, non?

"En realidade, si".

"Imaxinas un mundo onde saíu o número cinco e outro no que saíu o número catro? É posible que haxa innumerables mundos onde innumerables copias de ti mesmo tiran un número infinito de dados?"

“"Deus non xoga aos dados”

Esta cita é unha das máximas máis famosas de Einstein. Repetiuno varias veces en varias ocasións. O científico utilizou esta metáfora en oposición ás implicacións non deterministas da mecánica cuántica, defendidas por Niels Bohr e a súa Escola de Copenhague.

O feito de que a posición e a velocidade dun electrón non puidesen establecerse con certeza, e que estes datos só se puidesen expresar en termos de probabilidade, ofendía moito o sentido rigorosamente científico de Einstein, firmemente baseado nas certezas da localidade e do determinismo.

Segundo a teoría de Bohr, se un electrón é "observado" varias veces, nas mesmas condicións experimentais, non sempre se obtén o mesmo resultado. Isto depende de que a súa traxectoria estea sempre suxeita á "nube inestable" da probabilidade.

Sería coma se, lanzando un dado co mesmo mecanismo, se conseguira sempre o mesmo número. Pero sabemos que iso non sucede, debido ás innumerables variacións que afectan o lanzamento. Por exemplo, a temperatura ambiente e a humidade.

Co seu aforismo Einstein quería dicir que a mecánica cuántica non podía considerarse semellante á tirada de dados, pero necesariamente tiña que proporcionar certos resultados nos seus cálculos.

Son moitas as citas nas que Einstein expresa con contundencia as súas dúbidas. O 4 de decembro de 1926 escribiu estas palabras no seu diario:

> "A mecánica cuántica é digna de todo respecto, pero unha voz interior dime que aínda non é a solución correcta. É unha teoría que nos di moitas cousas, pero que non nos deixa penetrar máis no segredo do "Gran Vello". ". en todo caso, estou convencido de que o "Gran Vello" non xoga aos dados co mundo".

En 1942, escribindo a Cornelius Lanczos, matemático e físico húngaro e seu gran amigo, Einstein dixo:

"Que difícil é poder botarlle unha ollada ás cartas de Deus. Pero non creo nin un só instante que El xogue aos dados ou use métodos "telepáticos" como diría a teoría cuántica actual".

En particular, son coñecidos os numerosos intercambios de opinións entre Einstein e Niels Bohr, partidario de dúas teses contrapostas. Moitas testemuñas e o propio Bohr lembran o enfrontamento verbal que tivo lugar con motivo do Congreso Solvay de 1927. Bohr escribe o seguinte:

"Pola súa banda, Einstein preguntounos en broma se realmente podíamos crer que a divina Providencia "xogara aos dados". Eu respondín que os antigos pensadores advertíronnos de ser moi cautelosos á hora de definir os atributos da Providencia na linguaxe común".

Werner Heisenberg tamén estivo presente naquela ocasión e lembra a broma de Einsteini á que Bohr respondeu:

"Pero non nos corresponde dicirlle a Deus como facer que o mundo vaia!".

En 1944, o 7 de setembro, Einstein escribiu a Bohr o seguinte:

> "As nosas perspectivas científicas están agora polos polos separados. Ti cres que Deus xoga aos dados co mundo; eu creo, en cambio, que todo obedece a unha lei. Creo nun mundo de realidades obxectivas e intento captalas dunha forma furiosamente especulativa. Espero que alguén descubrirá un xeito máis realista que o meu.Nin sequera o gran éxito inicial da teoría cuántica consegue convencerme de que a aleatoriedade é a base de todo.
>
> Non obstante, sei que os compañeiros máis novos consideran esta actitude como un efecto da miña esclerose. Algún día saberase cal destas dúas actitudes instintivas foi a correcta".

A tese de Einstein baseouse no concepto de variables ocultas. Segundo el, se a versión da mecánica cuántica da Escola de Copenhague dera resultados non deterministas, seguramente dependía de que algún parámetro importante fora descoidado.

O paradoxo da EPR.

O enredo cuántico, derivado da interpretación de Copenhague, considerouse paradoxal porque se consideraba incompatible coa relatividade especial que considera a velocidade da luz como a máxima á que pode viaxar calquera tipo de información. Ademais, o enredo cuántico era incompatible co principio de localidade. De aí a crenza de Einstein de que a teoría cuántica era incompleta. Segundo el a teoría estaba incompleta debido a "variables ocultas", é dicir, parámetros que non se tiñan en conta nos cálculos.

En 1935, xunto con Boris Podolsky e Nathan Rosen, Einstein propuxo un experimento mental no ensaio "¿Pode considerarse completa a descrición mecánica cuántica da realidade física?"

O ensaio publicouse na "Physical Review" XLVII, 1935, pp. 777-780).

Neste traballo, coñecido como "Paradoxo EPR" polas iniciais dos seus nomes, os tres creadores pretendían demostrar que a mecánica cuántica levaba a resultados válidos, pero producía consecuencias paradoxais. En consecuencia, segundo eles, esa non era unha teoría física completa.

Cinco meses despois, Niels Bohr respondeu publicando na mesma revista un artigo co mesmo título (Physical Review XLVIII, 1935, p. 700).

En realidade, no seu momento o enfrontamento entre os dous científicos non tivo vencedores sobre todo porque os instrumentos da época non permitían unha verificación experimental real das teses apoiadas. Como aínda se usa hoxe en día, os "experimentos" propostos foron chamados "experimentos mentais" ou "experimento Gedanken", segundo o termo alemán acuñado polo físico danés Hans Christian Ørsted. Polo tanto, un experimento mental aínda hoxe pretende probar, corroborar ou refutar unha hipótese ou teoría, pero ten un carácter imaxinario e non empírico porque as limitacións prácticas fan que sexa inviable.

Tamén hai que dicir que o experimento EPR tiña tal grao de complexidade que facía dubidosas en todo caso as conclusións que se podían extraer del.

A pesar diso, Einstein non foi o único que tivo dúbidas, senón que tamén outros científicos nos seus traballos destacaron os lados paradóxicos da interpretación de Copenhague da mecánica cuántica.

O paradoxo do gato de Schrödinger.

En 1935 Erwin Schrödinger, un físico austríaco que recibira o Premio Nobel en 1933, publicou o artigo no que describía o famoso "paradoxo do gato", tentando mostrar o estrambótica que era a teoría da superposición de estados. En verdade Schrödinger, propoñendo este paradoxo, pretendía, como Einstein, demostrar os límites da física cuántica, aínda que el mesmo estivera entre os fundadores desta ciencia. Como xa se mencionou, segundo a física cuántica, o comportamento dunha partícula elemental non se pode predicir con exactitude, senón só dun xeito probabilístico.

Figura 47 - Arriba, Erwin Schrödinger nunha fotografía vintage e nun selo conmemorativo austríaco. A continuación, unha entrada lúdica sobre o famoso paradoxo dos gatos, do blog "Cenacolo Jung-Pauli".

Este non é o caso dos sistemas macroscópicos, é dicir, compostos por millóns de átomos agregados: unha vez que se coñecen algúns datos, é posible calcular exactamente o que ocorrerá neles e cando ocorrerá.

O experimento mental de Schrödinger é bastante complicado. Implica que un gato está pechado nunha caixa que contén unha substancia radioactiva. Sabemos con certeza que un só átomo desta substancia emitirá radiación, pero non podemos dicir absolutamente cando sucederá isto.

Na caixa, xunto co gato, hai un dispositivo polo cal, cando a substancia radioactiva emite radiación, esta provocará a rotura dun frasco de cianuro que matará ao gato.

Certamente os tempos cambiaron e un científico que hoxe propuxo un experimento deste tipo atoparía inmediatamente o seu laboratorio asediado por activistas dos dereitos dos animais. Non obstante, sabemos que Schrödinger nunca puxo ningún gato en ningunha caixa, de feito, probablemente, tiña un gato ao que lle gustaba moito.

Volvendo ao experimento, sabemos que a morte do animaliño só ocorrerá se a substancia radioactiva emite radiación, pero non sabemos se isto ocorrerá nin cando, posiblemente, ocorrerá.

A caixa manterase pechada durante unha hora. Sabendo que hai un 50% de posibilidades de que o átomo decaia nesta hora, podemos determinar que temos a mesma probabilidade de atopar o gato morto ou vivo cando abrimos a caixa.

Segundo a mecánica cuántica na interpretación de Copenhague, se non se observa explícitamente o comportamento do átomo, este último está nunha superposición de estados, é dicir, decaeu pero, ao mesmo tempo, non decaeu; o átomo permanece nesta superposición ata que alguén abre a caixa provocando o "colapso da función de onda".

Aplicando o paradoxo de Schrödinger á mecánica cuántica, mentres a caixa permanece pechada temos tanto un átomo descomposto como non descomposto, un frasco de cianuro enteiro e roto e un gato vivo e morto.

Non obstante, cando se abre a caixa, o sistema colapsa nun estado definido. Isto é semellante ao que se dixo no caso do experimento da dobre fenda: cando un fotón é lanzado cara á barreira, compórtase como unha onda, pasa por ambas fendas e provoca un fenómeno de interferencia. Se en cambio aplicamos un instrumento a unha das dúas fendas para observar o seu paso, a función de onda colapsa e o fotón compórtase como unha partícula, pasando por unha única fenda.

Polo tanto, só ao abrir a caixa o sistema composto por átomo radioactivo, vial de cianuro e gato asume un estado único e coherente e non superposto.

Podemos dicir en broma que desta situación xurdiría a conciencia de que, abrindo a caixa, sería probable que se provocase a morte do gato.

Pola contra, o gato seguiría vivo (ou polo menos morto e vivo) mentres a caixa permanecese pechada.

Obviamente, o paradoxo do gato de Schrödinger describe unha situación que está absolutamente lonxe da realidade. En defensa da física cuántica, podemos dicir que en certo sentido Schrödinger enganou xuntando dúas realidades, a cuántica e a macroscópica. Naturalmente, aínda non chegamos á unificación das diferentes leis físicas dos dous niveis.

A desigualdade de John Stewart Bell.

Erwin Schrödinger non estaba só en apoiar as dúbidas de Einstein. Moitos outros científicos foron conceptualmente críticos coa tese da Escola de Copenhague. Non obstante, a maioría da comunidade científica gradualmente se convenceu de que a posición de Einstein era incorrecta. O argumento foi gradualmente arquivada e, aínda que sen probas, a maioría dos científicos recoñeceron a validez da teoría "non local" de Bohr.

O debate foi revivido por John Stewart Bell (fig. 48), un mozo tranquilo, pelirrojo e pecoso, nado en Belfast, Irlanda do Norte, en 1928.

Bell licenciouse en física experimental na Queen's University de Belfast en 1948. Despois de varios anos, pasados en varios institutos, comezara a traballar no CERN, (Organización Europea para a Investigación Nuclear) no maior laboratorio de física de partículas do mundo, situado no fronteira entre Suíza e Francia, na periferia occidental da cidade de Xenebra na comuna de Meyrin.

Durante os anos que pasou no CERN Bell desenvolveu a súa investigación en física teórica e traballou no campo dos aceleradores de partículas.

O complexo do CERN comprende actualmente sete grandes aceleradores, construídos en varias épocas desde a fundación da institución.

Un acelerador de partículas é unha máquina capaz de producir feixes de ións ou partículas subatómicas, incluíndo electróns, positróns, protóns e antiprotóns, cunha enerxía cinética elevada. Estas máquinas utilízanse con fins industriais e médicos e para estudar a estrutura dos materiais. A nivel de experimentación teórica, en física de partículas o seu uso permite obter feixes de partículas de alta enerxía empregados para sondar obxectos de moi pequenas dimensións. En concreto, o "Large Hadron Collider" (LHC) de Xenebra, que entrou en funcionamento o 10 de setembro de 2008, esténdese por unha circunferencia de 27 quilómetros e foi deseñado para acelerar os protóns ata permitir o seu estudo en condicións similares ás do primeiro. momentos da vida do Universo, inmediatamente despois do Big Bang.

Mentres estaba absorto nestes compromisos, Bell tamén atopou tempo para dedicarse ás cuestións básicas da teoría cuántica que foran esquecidas.

Figura 48 - John Stewart Bell propuxo un experimento, realizado en 1982 por Alain Aspect, que demostraba a inexactitud da teoría expresada por Einstein xunto con Podolski e Rosen (paradoxo EPR) confirmando o fenómeno do enredo.

En 1964, uns trinta anos despois do ensaio sobre o paradoxo da EPR, Bell reabriu o debate sobre esta cuestión que parecía arquivada e escribiu un artigo para a revista "Physics" titulado "On the Einstein-Podolsky-Rosen paradox" no que abordou o problema con variables ocultas.

Un acelerador de partículas é unha máquina capaz de producir feixes de ións ou partículas subatómicas, incluíndo electróns, positróns, protóns e antiprotóns, cunha enerxía cinética elevada. Estas máquinas utilízanse con fins industriais e médicos e para estudar a estrutura dos materiais. A nivel de experimentación teórica, en física de partículas o seu uso permite obter feixes de partículas de alta enerxía empregados para sondar obxectos de moi pequenas dimensións. En concreto, o "Large Hadron Collider" (LHC) de Xenebra, que entrou en funcionamento o 10 de setembro de 2008, esténdese por unha circunferencia de 27 quilómetros e foi deseñado para acelerar os protóns ata permitir o seu estudo en condicións similares ás do primeiro. momentos da vida do Universo, inmediatamente despois do Big Bang.

Mentres estaba absorto nestes compromisos, Bell tamén atopou tempo para dedicarse ás cuestións básicas da teoría cuántica que foran esquecidas. En 1964, uns trinta anos despois do ensaio sobre o paradoxo da EPR, Bell reabriu o debate sobre esta cuestión que parecía arquivada e escribiu un artigo para a revista "Physics" titulado "On the Einstein-Podolsky-Rosen paradox" no que abordou o problema con variables ocultas.

A pregunta que Bell fixo era se a teoría cuántica necesitaba variables ocultas, como argumentaba Einstein, para situarse de forma tranquilizadora na categoría dos fenómenos deterministas. Cría que iso era esencial para sacar á física cuántica do calexón sen saída da non-localidade, é dicir, da posibilidade de que dúas partículas puidesen comunicarse entre si dun xeito non local, influíndose entre si sen límites de espazo e tempo. .

Como xa vimos, Einstein, a pesar de ser un dos fundadores da teoría cuántica, dubidaba da súa integridade. Na súa opinión, unha teoría máis completa debería ter previsto a existencia de elementos da realidade, ou variables ocultas, para preservar o concepto de localidade. Ademais, a non-localidade estaría en conflito coa súa teoría da relatividade. De feito, a teoría da relatividade descarta que os efectos dunha acción física poidan observarse instantáneamente dende a distancia. Isto tería como resultado unha transmisión de información máis rápida que a velocidade da luz. Pola contra, a teoría da relatividade de Einstein ten entre as súas bases fundacionais unha velocidade da luz moi precisa, igual a 299.792,458 quilómetros por segundo. É un parámetro que, de non ser tido en conta, faría colapsar toda a teoría da relatividade.

Por desgraza, no momento en que Einstein enunciaba as súas obxeccións, o traballo aínda estaba no ámbito exclusivamente teórico, dada a imposibilidade de realizar comprobacións pola inadecuación do hardware experimental. Como resultado, o "realismo local" de Einstein, válido a nivel teórico pero contrastado con hipóteses igualmente válidas teoricamente, quedou confinado ao nivel dun tema para o debate filosófico.

A liberación deste impasse chegou cando, en 1964, John Bell volveu poñer a pregunta sobre a mesa plantexando o problema en termos verificables con experimentos. Estes debían prever a medición das propiedades físicas de partículas distantes entre si, pero ligadas entre si (correlacionadas) por efectos cuánticos.

Bell formulou a famosa "desigualdade de Bell". Nesta teoría demostrou que ningunha adición de máis variables ocultas, como se suxire no paradoxo EPR, sería capaz de reproducir todas as propiedades previstas pola mecánica cuántica, en particular as relativas ao enredo.

A desigualdade de Bell puxo de manifesto unha alternativa: ou ben era correcta unha teoría cuántica que caeu baixo o paraugas da localidade einsteiniana grazas á achega de variables ocultas, ou ben a mecánica cuántica de Bohr e a Escola de Copenhague, coas súas implicacións de non-localidade.

En verdade, Bell desenvolveu a súa teoría partindo da hipótese de que en realidade existía a posibilidade de imaxinar a integración da teoría cuántica con variables ocultas, como suxerira Einstein.

Con isto estivo de acordo con outros estudos realizados por David Bohm, segundo os cales as variables ocultas serían vectores de información. É dicir, Bohm suxeriu que as partículas xa tiñan un conxunto de instrucións que lles indicaban de antemán cal debería ser o seu comportamento en todas as circunstancias.

A desigualdade de Bell tiña a vantaxe de permitir unha verificación experimental medindo a polarización dos fotóns. Os experimentos posteriores foron o "pistola humeante" contra o realismo local e demostraron que a "acción espantosa a distancia" prevista polo paradoxo da EPR forma parte firmemente da realidade.

Sobre todo, estes experimentos demostran sen dúbida que, mesmo na hipótese da existencia de variables ocultas, o principio de "non-localidade" teríase confirmado igualmente.

No seu libro "Información. A nova linguaxe da ciencia" Hans Christian von Baeyer, un académico estadounidense, escribe:

> "Ao contrario da intuición de Einstein, Deus non só xoga aos dados, senón que parece ser o único no que podemos confiar para xogar ben".

Experimentos que confirman a non localidade.

En 1969 Bell recibiu unha carta do mozo físico de Berkeley John Clauser dicíndolle que ideara un experimento para probar a súa teoría da desigualdade. Non foi o único que realizou este tipo de experimentos. A verificación dos resultados experimentais tendía a determinar a natureza local ou non do mundo físico real. O avance da tecnoloxía ao longo dos anos levou a importantes melloras na eficiencia, pero en todo caso todos os experimentos confirmaron a teoría cuántica da non-localidade e proporcionaron resultados que non se podían explicar nin sequera engadindo variables ocultas.

En 1972 John Clauser, en colaboración con Stuart Freedman, utilizou átomos de calcio para obter, co dobre salto cuántico dun electrón, un par de fotóns correlacionados. Ao realizar unha serie de medicións durante unhas 200 horas, Clauser e Freedman obtiveron a confirmación do fenómeno do enredo e a non-localidade. Este resultado desconcertaba ao propio Clauser, que se inclinaba a demostrar a inconsistencia da teoría cuántica. Quizais por iso o experimento non recibiu a atención que merecía.

O caso dos experimentos realizados por Alain Aspect, (fig.49) foi diferente, nacido en 1947 en Agen, unha pequena aldea francesa non moi lonxe de Burdeos.

Ao contrario de Clauser, Aspect entendera que a teoría cuántica estaba a acadar un gran éxito científico a nivel teórico, e que o conflito entre localidade e non-localidade que suxire a desigualdade de Bell podería resolverse con experimentos que derrotasen a tese da localidade; Aspect estaba seguro de que podería probar a teoría cuántica e os seus efectos non locais.

A mediados dos anos 70, cando aínda era estudante de doutoramento, propuxo un experimento real, que se baseaba en dous fotóns únicos pero correlacionados porque se emitían xuntos dende a mesma fonte atómica. No seu experimento os dous fotóns viaxarían en direccións opostas entre si e serían monitorizados por dous detectores situados a distancia.

A idea foi definitivamente orixinal. Bell, ao ser preguntado, deu o seu visto e prace; pero con reservas. Primeiro quixo comprobar que o mozo francés xa tiña un soldo fixo. De feito, Bell cría que a idea de Aspect era tan estraña que podería pór en perigo a súa carreira.

Despois dun longo traballo preparatorio Aspect e os seus colaboradores, Jean Dalibard e Gérard Roger, dous investigadores do "Institut d'Optique Graduate School", realizaron o experimento tres veces entre 1981 e 1982. O seu compromiso non diminuíu polas dificultades económicas. Entre outras cousas, elaboraron artesanalmente os polarizadores que, grazas á súa rápida rotación, poderían ter dado resposta á cuestión da localización. Actualmente estes polarizadores están expostos na histórica vitrina do Institut d'Optique, que permitiu que os experimentos se realizaran na súa delegación de Orsay. Pola contra, a oficina principal do Institut está situada en Palaiseau, no campus da "Universidade París-Saclay".

O traballo de Aspect foi exitoso. El e o seu equipo atoparon a mellor confirmación posible da non-localidade na mecánica cuántica e desmentiron rotundamente calquera posible teoría de variables ocultas locais.

As consecuencias dos experimentos foron moito máis alá de demostrar a validez da mecánica cuántica, pero destacaron o papel fundamental que xoga o enredo. Como vimos, no estado entrelazado a observación do estado dun fotón permítenos coñecer o estado do outro.

Os experimentos de Aspect tiveron unha enorme resonancia e deron paso a unha longa sucesión de coñecementos teóricos e experimentais sobre o enredo. Pódese dicir que os experimentos de Alain Aspect marcaron o inicio da Ciencia da Computación Cuántica.

Figura 49 - Alain Aspect, Premio Nobel 2022. Desde principios dos anos 80 realizou varias veces o experimento proposto por John Bell para confirmar o paradoxo da EPR. O experimento, pola contra, confirmou a teoría do enredo das partículas relacionadas.

En 2013 Aspect recibiu o prestixioso Premio Balzan coa seguinte motivación:

> "Polos seus experimentos de vangarda que confirmaron a mecánica cuántica, en oposición ás teorías con variables ocultas locais. Os seus traballos abriron o camiño para o control experimental dos estados cuánticos entrelazados, un elemento esencial da computación cuántica.

En 2022 tres físicos, Alain Aspect, o estadounidense John F. Clauser e o austríaco Anton Zeilinger recibiron o Premio Nobel por sentar as bases para o futuro da información e as comunicacións. Os seus experimentos sobre o fenómeno chamado "entrelazamento cuántico abriron o camiño para computadoras cuánticas potentes e moi rápidas".

Entre os experimentos posteriores é útil mencionar o de Wolfgang Tittel. Este estudoso doutorouse na Universidade de Xenebra, traballou como posdoctorado na Universidade de Aarhus e na Universidade de Xenebra e en 2006 uniuse á Universidade de Calgary (Canadá) como presidente de Investigación Industrial. Participou en experimentos innovadores desde o inicio dos estudos de comunicación cuántica aplicados á criptografía.

En 1988 xunto co "Geneva Group" realizou un experimento co que demostrou que a distancia non afecta ao enredo. A luz foi enviada a través de cables de fibra óptica a distancias de varios quilómetros antes de ser analizada, sen que os resultados variaran.

Dez anos despois, en 1998, Gregor Weihs e o seu equipo de Innsbruck dirixido por Anton Zeilinger, realizaron un experimento que mellorou o experimento de Aspect de 1982, confirmando os mesmos resultados.

Lamentablemente, Bell morreu de forma inesperada en 1990 dunha hemorraxia cerebral sen poder recibir o Premio Nobel polo que acababa de ser nomeado.

Terceira parte. As perspectivas.

Todo é "unha cousa".

Se Deus creou o mundo, non podemos dicir que
lle importase moito facilitar a súa comprensión.
(Albert Einstein)

Os experimentos de Alain Aspect representaron a confirmación definitiva das predicións da mecánica cuántica, e en particular do non determinismo e da non-localidade.

No contexto de aceptación xeral destes principios aínda houbo algúns científicos que se distinguían como inconformistas e non quixeron renunciar ao intento de enmarcar a mecánica cuántica nun contexto determinista. Refírome a David Bohm. Porén, no seu afán de racionalizar o irrealizable, acabou desenvolvendo unha versión aínda máis metafísica, se é posible, da teoría cuántica ortodoxa.

Con isto Bohm mereceu plenamente o seu lugar no Olimpo dos filósofos da ciencia.

A historia que conto nesta terceira parte é a dun home sumamente honesto e decidido nas súas atrevidas teorías científicas. Non dubidou en traspoñer as súas teorías aos comportamentos sociais. Isto valeulle poderosas antipatías sempre que se atopaba operando en contextos conformistas e politicamente intolerantes, como os propios da súa época.

David Bohm

David Bohm, físico e filósofo estadounidense, naceu o 20 de decembro de 1917 en Wilkes-Barre, cidade dos Estados Unidos de América situada no centro do val de Wyoming, no condado de Luzerne, no nordeste de Pensilvania.

Bohm é coñecido por ter elaborado unha interpretación da mecánica cuántica na que desenvolve o concepto da "onda piloto" de Louis de Broglie e introduce o concepto de "potencial cuántico".

Os seus pais eran de orixe xudía. O seu pai, Samuel Bohm, era un emigrante húngaro e a súa nai era de Lituania.

O seu pai posuía unha tenda de mobles e tamén se dedicaba á tarefa de axudante do rabino local, polo que el mesmo proporcionou a educación xuvenil de David. Aos 17 anos, en 1930, David comezou a asistir ao Pennsylvania State College, onde se familiarizou coa mecánica cuántica. Enseguida sentiuse atraído por esta materia que se converteu en obxecto dos seus estudos. Licenciouse en física en 1939.

David continuou os seus estudos baixo a dirección de Robert Oppenheimer. Lembramos que a fama de Oppenheimero está ligada sobre todo á construción da primeira bomba atómica no marco do proxecto Manhattan. Posteriormente, Oppenheimer tivo unha crise de conciencia e negouse a traballar para a bomba de hidróxeno.

Quizais as ensinanzas de Oppenheimer axudaron a desenvolver aínda máis o forte sentido moral da xustiza de Bohm.

Despois de continuar os seus estudos no CalTech (California Institute of Technology) de Pasadena, matriculouse na UC (Universidade de California) de Berkeley, onde se doutorou en 1943. Bohm exerceu a súa actividade como físico teórico nas máis importantes universidades americanas.

De 1947 a 1951 ensinou na Universidade de Princeton mentres se dedicaba ao estudo dos plasmas.

O plasma é un gas moi ionizado e, en conxunto, eléctricamente neutro: na práctica, un sistema formado por ións libres, positivos e negativos, con iguais concentracións.

O termo "ionizado" indica que unha fracción significativamente grande de electróns foi eliminada dos seus respectivos átomos.

Considérase que o plasma é o cuarto estado da materia, que se diferencia dos tres estados clásicos, sólido, líquido e gasoso. Neste sentido, a adición de plasma reproduce e completa a idea dos catro elementos (lume, terra, aire e auga), que historicamente se remonta ao filósofo grego Empédocles.

O plasma foi identificado por Sir William Crookes en 1879, pero o nome "plasma" provén de Irving Langmuir que o acuñou en 1928.

Ata finais do século pasado, os estudos sobre plasmas seguiron sendo máis unha curiosidade, con moi poucas excepcións, entre as que podemos citar os de Nikola Tesla sobre descargas de plasma, lámpadas de plasma e plasma frío empregados na produción de ozono. Despois de 1920 Irving Langmuir estudou a interacción dos plasmas coas paredes do recipiente no que se formaron, obtendo así o Premio Nobel en 1932.

Un interese máis concreto polos plasmas desenvolveuse cando a Conferencia de Xenebra

"Atoms for Peace" iniciou estudos sobre a explotación pacífica da fusión nuclear.

No seu estudo dos plasmas, Bohm decatouse de inmediato na peculiaridade, propia dos electróns cando pasan a formar parte dun plasma, de perder o seu "individualismo" para comezar a comportarse como parte dunha realidade máis grande e interconectada, dando a impresión de estar animados por unha intelixencia. que sexa capaz de coordinar a súa actividade.

Pronto descubriu, xunto co seu colega Yakir Aharonov, o Efecto Aharonov-Bohm, un fenómeno de mecánica cuántica no que unha partícula cargada é afectada por campos electromagnéticos en rexións onde tales campos son cero.

En 1947 Bohm estudou o comportamento dos electróns nos metais. En base ao que observou para os plasmas, observou que mesmo nos metais os movementos individuais de electróns individuais poden producir efectos "colectivos" organizados.

Na súa interpretación filosófica Bohm chegou a identificar o comportamento das masas de electróns co das comunidades de seres humanos. Estableceu unha conexión entre os comportamentos coordinados dos electróns individuais nos metais e os dos individuos nos seus contextos sociais. Segundo Bohm, o comportamento típico dos plasmas constituía unha metáfora válida para os comportamentos humanos organizados.

Figura 50 - O físico David Bohm propuxo unha fascinante interpretación holística da mecánica cuántica, que serviu como contrapunto á visión ortodoxa coñecida como "Interpretación de Copenhague".

Desenvolveu a convicción de que as principais semellanzas eran as entre as "sociedades de plasmas" e as sociedades humanas organizadas segundo as teorías marxistas.

Estas ideas reforzaron os ideais marxistas de Bohm na súa mocidade. Porén, nos anos posteriores abandonou decididamente estas ideas debido ao seu fundamento materialista, e preferiu dedicarse a unha visión máis espiritual do cosmos.

Os resultados dos seus estudos sobre o comportamento dos electróns nos metais convenceron ao seu antigo profesor, Oppenheimer, de incluílo entre os científicos chamados a traballar en Los Alamos, no Proxecto Manhattan, un programa de investigación e desenvolvemento militar que levou á creación do primeiras bombas atómicas durante a Segunda Guerra Mundial. Por desgraza, o pasado político de Bohm non foi moi tranquilizador para a época e o xeneral Leslie Groves opúxose á entrada de Bohm no proxecto, debido ás ideas que profesara na súa mocidade.

En efecto, entre finais dos anos 40 e mediados dos 50 vivimos a fase máxima da chamada “caza de bruxas” ou “macartismo”. Esta foi unha actitude política moi estendida nos Estados Unidos de América, caracterizada por un clima exacerbado de sospeita e comportamento persecutorio cara a persoas ou colectivos considerados subversivos. Recibiu o nome do senador J.R. McCarthy, director da "Commission for the Suppression of Un-American Activities".

Miles de persoas foron sometidas a vixilancia e moitas sufriron ataques persoais, moitas veces baseados en denuncias sen fundamento.

Prestouse especial atención aos funcionarios do goberno, aos artistas e aos homes de cultura e aos membros destacados da clase media industrial que foron tildados de "comunistas comprometidos en socavar as bases da sociedade estadounidense".

Neste clima, en 1948 Bohm foi chamado a declarar debido á súa pertenza ao Partido Comunista que tivo lugar en 1942 e que rematou despois de só nove meses, pero rexeitou comparecer apelando á Quinta emenda, é dicir, o dereito a non contestar.

Despois dun ano, volveu ser convidado a comparecer ante o gran xurado, pero volveu negarse, apelando a mesma disposición constitucional.

Con todo, nese momento o foco estaba nel. En 1949 foi detido por desacato ao tribunal e pasou uns días no cárcere, ata que quedou en liberdade provisional.

En 1950 foi absolto. Por desgraza, mentres tanto perdera o seu traballo na Universidade de Princeton, que o despedira debido á presión dos seus prestamistas.

A estas alturas Bohm estaba na "lista de prohibición" dos investigadores e nin sequera Einstein, que o tería querido como asistente, puido ofrecerlle a oportunidade. Viuse obrigado a emigrar ao Brasil á Universidade de S. Paolo, pero aínda era cidadán americano; polo tanto, a embaixada dos

Estados Unidos retiroulle o pasaporte por temor a que puidese ir á Unión Soviética.

Para evitar o illamento completo, Bohm tomou a nacionalidade brasileira. Isto permitiulle, en 1955, deixar o Brasil e marchar dous anos a Israel, ao Instituto Technion de Haifa. De aquí trasladouse á Universidade de Bristol en Gran Bretaña durante catro anos e finalmente, en 1961, instalouse definitivamente en Londres onde foi nomeado profesor de física teórica no Birkbeck College.

En 1951 Bohm publicou "Teoría cuántica", un texto sobre física cuántica no que analizaba a interpretación da teoría cuántica e, retomando algunhas ideas do experimento mental EPR, situouse entre os críticos da interpretación de Copenhague. De feito, Bohm destacou os aspectos pouco claros da teoría e impugna a imposibilidade de estender a aleatoriedade e o determinismo aos obxectos da mecánica cuántica. Bohm, como Einstein, estaba profundamente perturbado pola posición da comunidade científica que a estas alturas aceptaba "pasivamente" a realidade da indeterminación e a non-localidade.

Bohm fixo a súa misión reintroducir unha forma de determinismo que funcionase mesmo nos extremadamente pequenos. Sentíuse satisfeito ao entregarlle un exemplar do seu libro a Einstein.

O potencial cuántico.

O principio de Heisenberg establece que non é posible establecer a traxectoria dunha partícula, como un electrón, xa que sería necesario coñecer ao mesmo tempo a súa velocidade e a súa posición. Como xa se mencionou, a única posibilidade consiste en calcular unha función de onda, dentro da cal a partícula ocupa unha posición probabilística. Cando se fai unha medición, a partícula "colapsa" e aparece nun lugar concreto, pero entre unha medida e outra "desaparece" nunha nube de probabilidade.

Isto non lle gustou a Bohm. Rexeitou a idea de que a función de onda probabilística podería ser a mellor representación posible dunha partícula. Por iso decidiu investigar a forma en que un electrón establece a traxectoria que terá que percorrer. En poucas palabras, intentou reintroducir o concepto de causalidade, ou identificar un mecanismo preciso capaz de guiar as partículas. Deste xeito as partículas quedarían liberadas do contexto indeterminado e probabilístico.

Bohm partiu do principio de incerteza de Heisenberg e reelaborou a fórmula, engadindo un novo parámetro, o "potencial cuántico". Con isto creou unha nova matemática cuántica, a "mecánica de Bohmia".Esta teoría aínda é moi discutida polas súas implicacións metafísicas.

A "mecánica de Bohmia" propón que a partícula non se move ao azar, senón en resposta a unha forza, o "potencial cuántico". Esta forza proporciona á partícula información a través de conexións instantáneas, é dicir, non locais.

Para operar de forma non local, o potencial cuántico debe manter a súa intensidade independentemente da distancia. É dicir, o potencial cuántico debe operar dun xeito oposto ao de todas as outras forzas electromagnéticas. Como é sabido, as outras forzas electromagnéticas diminúen no cadrado inverso da distancia.

Segundo Bohm, o potencial cuántico impulsa o electrón dun xeito que non é nin aleatorio nin mecánico, senón intelixente. Noutras palabras, Bohm afirma a existencia dun campo de información, grazas ao cal a partícula non está sometida aos misteriosos caprichos do azar senón que se informa constantemente sobre o medio circundante, obtendo información do mesmo medio. Evidentemente, Bohm suxire un ambiente metafísico, sen espazo e atemporal.

Polo tanto, cando as partículas se moven no seu camiño (e lembramos que as partículas están en constante axitación) non o fan ao azar senón que responden ao paquete de información que proporciona o potencial cuántico. Deste xeito Bohm restablece un comportamento determinista das partículas elementais, que non obstante se debe a unha forza absolutamente misteriosa.

Bohm representa este concepto cunha das súas famosas metáforas, a do barco.

Un barco (fig. 51) é capaz de moverse grazas á potencia dos seus motores, pero é guiado por instrumentos de navegación, sen os cales nunca chegaría a un porto e correría o risco de chocar nalgún banco en calquera momento.

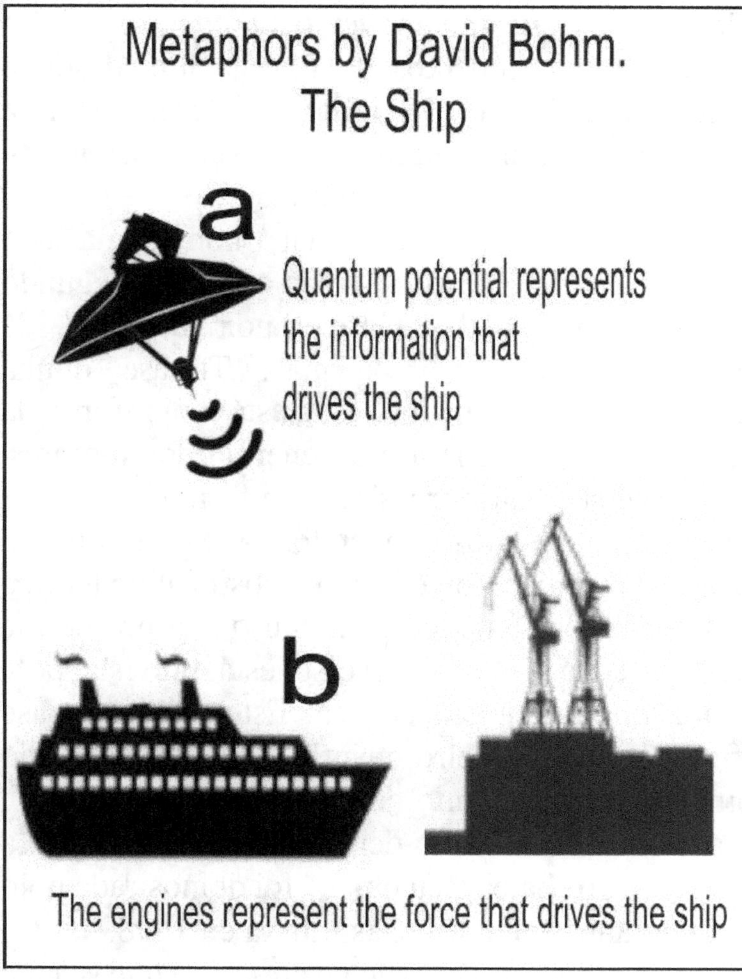

Figura 51 - Na metáfora do barco, Bohm representa a partícula como un barco impulsado pola "forza bruta" dos seus motores pero guiado pola intelixencia da instrumentación, é dicir, polo potencial cuántico que pode aproveitar a información global e transmitila ao barco.

Metáforas de David Bohm. O barco

R- O potencial cuántico representa a información que impulsa o barco

B- Os motores representan a forza que empuxa o barco.

Os motores representan a potencia, as certezas da física clásica que fan mover o barco no mar. En cambio, os instrumentos de navegación, desde o antigo compás ata o radar moderno, son a información que determina a ruta segura e representan o potencial cuántico.

Un pequeno sinal de radar, non demasiado potente, é suficiente para guiar o barco. Segundo Bohm, o potencial cuántico non depende da intensidade senón da "forma". Trátase dunha enerxía que, aínda que modesta, está moi informada e consegue dar forma á gran enerxía dos motores, que de por si serían “cruas” e “sen forma”.

Moitos elementos concretos suxiren que o potencial cuántico non é só unha abstracción teórica de Bohm. A existencia dun inmenso mar de enerxía que impregna todo o universo está prevista pola propia teoría cuántica clásica. Este depósito case infinito sería o "baleiro cuántico", tamén coñecido como "campo de punto cero" ou "efecto Casimir". Esta última definición deriva do feito de que a existencia do "baleiro cuántico" foi demostrada polo físico holandés Hendrik Casimir xa en 1948.

O efecto Casimir consiste na atracción que se crea entre dous corpos situados no baleiro, é dicir, onde non debería haber motivos de atracción. Non obstante, dado que a atracción está aí, significa que o baleiro non está realmente baleiro. De feito, suponse que existe unha forza chamada "campo de punto cero". Este campo xorde da enerxía do baleiro, determinada por partículas virtuais que se crean continuamente polo efecto das flutuacións cuánticas, tal e como prevé o principio de incerteza de Heisenberg.

Así, o baleiro posúe unha "enerxía subxacente", que transcende a realidade da materia.

Este "poder" esténdese por todas as áreas "baleiras" do universo. A densidade da súa enerxía estimouse igual a inmensos valores, que establecen unha relación inconmensurablemente desequilibrada coa do cosmos que coñecemos e que se presenta en forma de materia.

Se retomamos a imaxe do átomo, lembramos que se considera composta case na súa totalidade de baleiro. Pois ben, o efecto Casimir predice que ese baleiro non está baleiro, senón enerxía. A partir diso entendemos como a enerxía do baleiro é inmensamente maior que a do "non baleiro". Se concedemos a toda esta enerxía a capacidade de expresarse en forma de potencial cuántico, decatámonos do poder do concepto elaborado por Bohm.

O papel do observador.

A mecánica cuántica predice que a realidade cósmica é o resultado de dous factores. O primeiro factor é unha "forza bruta" inherente á materia, o segundo é un "sistema de guía" que proporciona á materia instrucións capaces de facer que a súa forza funcione de forma intelixente.

O primeiro factor, a forza bruta, caracteriza o nivel macroscópico, ou nivel de tamaño medio, no que vivimos e que interpretamos segundo as leis da física newtoniana e a relatividade de Einstein.

Neste nivel o papel do observador non ten influencia. De feito, é moi difícil que, observando un fenómeno, sexamos capaces de modificar o seu desenvolvemento. Non poderemos mover ningunha cadeira mirándoa. Ao mesmo tempo, se non miramos unha cadeira, non se moverá por si mesma por unha serie de camiños probables.

O segundo factor, é dicir, o sistema de orientación, esixe que o observador forme parte do propio fenómeno e inflúa no seu desenvolvemento simplemente observándoo. Como xa se mencionou. isto ocorre no caso dos fotóns que se comportan como partículas cando se observan e como ondas cando non se observan. A nivel subatómico, o papel do observador asume unhas características moi particulares. O observador pasa a formar parte dun sistema único que inclúe tanto a si mesmo como ao obxecto observado. Observador e observado fanse indistinguibles e exercen unha influencia recíproca que non se pode ignorar.

En física cuántica, o científico non pode imaxinar ser un observador obxectivo "exterior", porque a súa mesma presenza contribúe a configurar a realidade que está observando.

John Wheeler foi un físico estadounidense, unha figura carismática da física nos anos 30 e 40; moitos físicos famosos, incluído Richard Feynman, foron adestrados baixo a súa dirección. Wheeler, entre outras cousas, acuñou o termo "buraco de verme" que indica os posibles túneles ou pasos espaciais entre as distintas rexións do espazo-tempo.

Wheeler cre que a implicación do observador na realidade subatómica observada é incluso o aspecto máis importante da física cuántica, ata o punto de que propón eliminar o termo "observador" substituíndoo polo de "participante". El expresa esta crenza nunha famosa cita:

> "En mecánica cuántica nada é máis importante que o feito de que o concepto entendido como "algo fóra" sexa destruído.
>
> Isto é certo mesmo cando o observador está a unha distancia segura, separado do obxecto observado por placas de vidro de vinte centímetros de grosor. Cando observa un obxecto minúsculo como un electrón, o observador ten que ir máis aló do cristal: ten que "entrar" para instalar o dispositivo de medida que elixa. O observador debe escoller se quere medir a posición ou o momento. Instalar o dispositivo para medir unha das dúas cantidades impide que instale outro dispositivo para medir a outra cantidade.
>
> Ademais, a medida cambia o estado do electrón. Despois da medición, o universo xa non é o mesmo. Para describir o que pasou, a antiga palabra "observador" debe ser eliminada e substituída polo novo termo "participante". En certo modo, o universo é un universo participativo".

Sen fragmentación.

Segundo Bohm, as partículas subatómicas, grazas ao potencial cuántico, están inmersas nun "campo de forma". Desde este campo, as partículas reciben toda a información necesaria para decidir como moverse en cada momento.

Pero, dado que o nivel macroscópico está composto por un número case infinito de partículas subatómicas, todo ser vivo está suxeito a un campo de forma que, en cada momento, suxire a cada partícula do seu corpo as coordenadas dos seus movementos microscópicos.

A diferenza entre os dous factores (macroscópico e microscópico) é que o primeiro necesita espazo e tempo para desenvolverse, é dicir, ten características locais, mentres que o factor microscópico, é dicir, o sistema impulsor, non necesita espazo nin tempo e, polo tanto, existe nunha dimensión. chamado "non local". O sistema de orientación é a expresión dun “infinito” situado fóra do espazo e do tempo. O sistema guía non produce información recibíndoa dun lugar preciso, senón que a posúe nun “todo universal”, unha especie de “antecámara espacial” que contén a conciencia do universo.

No contexto da mecánica de Bohm, as partículas dun sistema están conectadas "non localmente" polo potencial cuántico. Isto ocorre por moi afastados que estean. A consecuencia máis inmediata é a observación de que non hai obxectos separados e independentes, senón que todo está interconectado para formar unha única cousa.

Ademais, como xa vimos, non hai nada “fóra” de nós, que poidamos observar dende fóra. Nós mesmos somos parte activa do conxunto. A mecánica cuántica manifesta un universo totalmente interconectado. É unha realidade que non podemos descompoñer en partes elementais dotadas de vida independente. Ao estudar a intimidade da materia chegamos a comprender que as partículas das que está composta non representan os bloques fundamentais no sentido que pretende Demócrito. As partículas son puras idealizacións, estudan hipóteses capaces de proporcionar representacións ideais dunha realidade imposible de representar. De feito, as partículas son abstraccións convencionais.

En realidade existe unha interconexión cósmica formada por enerxías vibratorias probabilísticas, que non se poden situar exactamente no espazo tal e como o entendemos. Sobre o fondo, Bohm exprésase así no ensaio escrito xunto con Basil Hiley para a revista "Foundation of Physics", publicado en 1975 co título "On the intuitive understanding of nonlocality as implied by quantum theory":

> Derrocamos a concepción clásica habitual segundo a cal as "partes elementais" independentes do mundo son a realidade fundamental, e os diversos

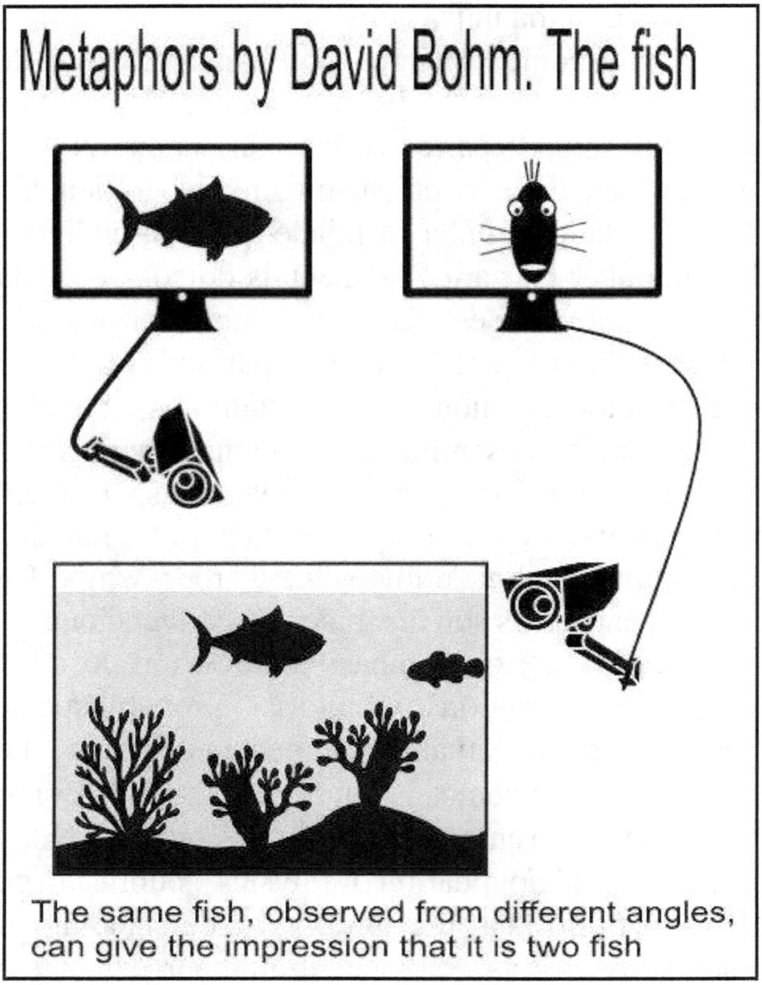

Figura 52 - Metáfora de Bohm sobre a superposición cuántica.
Metáforas de David Bohm. O peixe.
Un mesmo peixe, visto desde diferentes ángulos, pode dar a impresión de que son dous peixes diferentes.

Figura 53 - Os moitos buratos que aparecen na folla despregada son, en realidade, o resultado dun só corte.

Metáforas de David Bohm. A folla de papel dobrada.

Fai un corte nunha folla de papel dobrada tres veces.

Cando desdobras a folla obtén moitos cortes separados.

> sistemas son só formas e disposicións particulares e continxentes destas partes,
>
> Pola contra, dicimos que a realidade fundamental é unha interconexión cuántica de todo o universo. As partes que teñen un comportamento relativamente independente son só formas particulares e continxentes dentro deste todo.

Como dicindo que o carro do rei Milinda non é a suma aleatoria de rodas, eixes e cabalos, como afirma o materialismo. Pola contra, as diferentes partes son elementos seleccionados intelixentemente para conformar un todo que é o carro.

Sexa cal sexa a forma que tome o eixe, sexa cal sexa o número de raios que teñan as rodas, sexa cal sexa a cor ou o número de cabalos, son detalles irrelevantes con respecto ao proxecto transcendente do "vagón".

A nivel subatómico os obxectos nos que se materializa a materia sólida disolvense en ondas de probabilidades interconectadas nun todo.

Non hai fragmentación, senón só un unicum cheo de vibracións. Se levamos lentes de física cuántica xa non podemos ver o universo como unha colección de obxectos diferentes, desde grans de pole ata galaxias, ben definidos e distintos entre si. O que nos aparece é unha inmensa rede de enerxías relacionadas nun todo que tamén nos inclúe a nós mesmos.

No ensaio "S-matrix interpretation of Quantum Theory" o físico estadounidense Henry Pierce Stapp afirma:

> "O mundo aparece como un complicado tecido de acontecementos, no que diferentes tipos de interconexións se alternan, se solapan e combinan, determinando a estrutura do conxunto".

A metáfora do peixe que se toma desde diferentes ángulos (fig. 52) describe magníficamente o concepto segundo o cal, aínda que aparentemente hai diferentes manifestacións dun obxecto, tales como facer crer que son varios obxectos distintos, de feito son só un obxecto.

"A orde implícita" e "a orde explicada".

"Nun nivel moi profundo, a materia e a conciencia son completamente inseparables e están interconectadas, do mesmo xeito que nun videoxogo o xogador e a pantalla están unidos pola participación nun proceso común. Neste punto de vista, mente e materia son dous aspectos dun "todo" que é "un". "Mente e materia" non son máis separables que "forma e contido". En niveis moi profundos a conciencia da humanidade é unha.

(David Bohm)

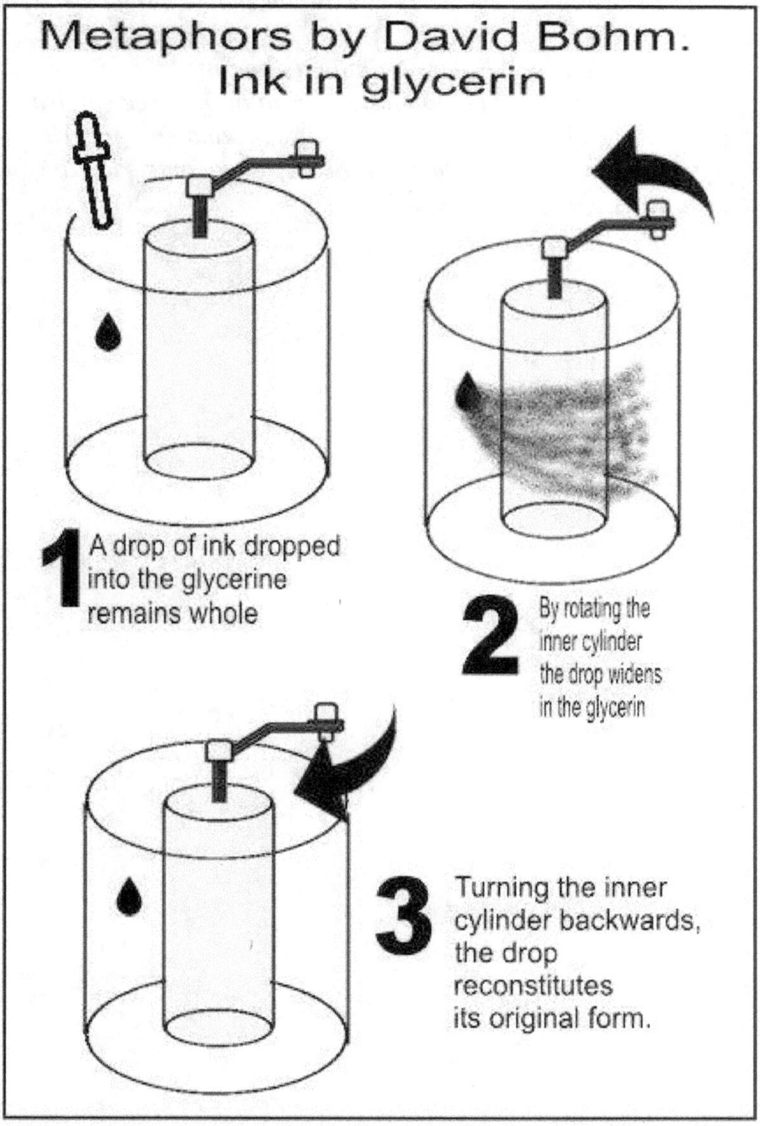
Metaphors by David Bohm.
Ink in glycerin
1 A drop of ink dropped into the glycerine remains whole
2 By rotating the inner cylinder the drop widens in the glycerin
3 Turning the inner cylinder backwards, the drop reconstitutes its original form.

Figura 54 - Metáfora de David Bohm dunha pinga de tinta dispersa en glicerina.

Metáforas de David Bohm. A tinta na glicerina

1 Unha pinga de tinta caída na glicerina permanece enteira

2 Ao xirar o cilindro interior, a gota se expande na glicerina

3 Ao xirar o cilindro interior no sentido contrario, a gota reconstitúe a súa forma orixinal.

Nos seus estudos sobre o plasma, Bohm quedara fascinado por como, nunha situación superficial de aparente caos, podía xurdir de súpeto a orde procedente dunha capa máis profunda. Esta experiencia impactouno ata o punto de convertelo nun elemento caracterizador de todos os seus estudos. Cada unha das súas intuicións partiu da posibilidade de que un fenómeno puidese ser entendido nas súas connotacións máis íntimas partindo da asunción da existencia dunha "intelixencia reguladora" subxacente, ou implícita.

Isto levouno a teorizar a existencia dunha orde que transcende o tempo e o espazo, inherente aos pregamentos máis profundos da realidade, á que denominou "orde implícita" ou "orde envolta". Bohm asumiu que esta orde non existía só no mundo das partículas elementais, senón en todo o universo. A orde implícita, propia da parte máis oculta do cosmos, oponse á "orde explicada", esta é a orde das cousas tal e como as vemos, ou tal e como se nos aparecen na nosa experiencia.

Bohm tivo as primeiras intuicións da existencia dunha orde implícita cando soñou cun universo composto por un número infinito de espellos esféricos, que se reflectían entre si. Imaxinou a materia como composta de átomos onde cada átomo, como un espello, reflicte infinitos reflexos.

A metáfora da figura 53 ilustra que relación pode existir entre a orde implícita e a orde explicada. Imaxina dobrar unha folla de papel en tres ou máis partes. Coas tesoiras abrimos unha única fiestra en calquera lugar da folla. Abondará con despregar a folla para notar a existencia de moitas pequenas fiestras, separadas espacialmente unhas das outras: esta separación é completamente ilusoria se temos en conta a folla dobrada, pero explícase aos nosos sentidos como unha suma de pequenas ventás. cando despregamos a folla. Evidentemente, a folla de papel dobrada representa a orde implícita, mentres que a folla de papel despregada representa a orde explicada.

A Bohm encantáballe desenvolver metáforas para apoiar as súas teses. No que se refire á orde implícita e explicada, imaxinaba unha dimensión implícita que contén a información da realidade nunha forma non intelixible para os nosos sentidos, pero capaz de explicarse en formas e formas comprensibles para nós. Pero o noso entendemento non se corresponde coa realidade.

Na metáfora do sinal de TV (fig. 55) a orde implícita está formada por radiofrecuencias, invisibles e incomprensibles para nós, que se estenden no éter e poden ser captadas por unha antena. Cando as frecuencias de radio se transfiren ao dispositivo receptor, desenvólvense de forma que os nosos ollos e oídos poidan entendelas. Naturalmente, o que vemos na pantalla é só a transposición en formas e cores dunha realidade formada por frecuencias que non poderiamos descifrar.

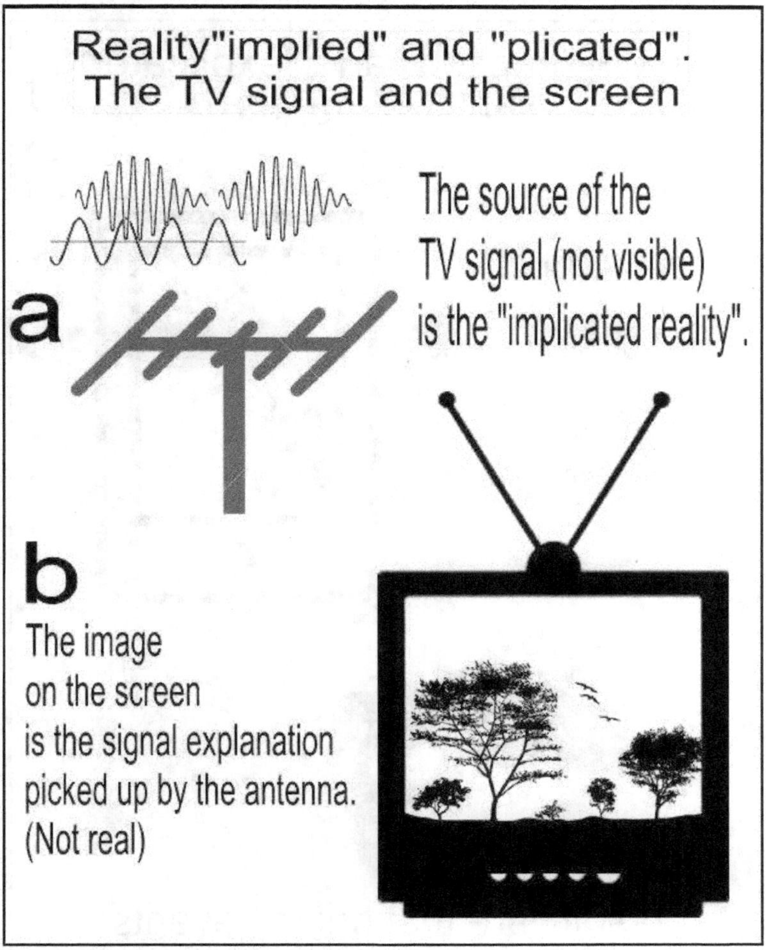

Figura 55 - A "realidade explicada" é só unha interpretación irreal dos sinais recibidos dunha fonte externa a través da antena.
Realidade "implícita" e "explicada".
O sinal de TV e a pantalla
a - A fonte do sinal de TV (non visible) é a "realidade implícita".
B - A imaxe na pantalla é a explicación do sinal captado pola antena.

Reality"implied" and "explicated".
The video game
a
The events that
develop on the screen
are the
"reality explicated"
b
The software that guides events
is the"implicated reality"

Figura 56 - A realidade explicada (o que se ve na pantalla) é a representación, adaptada aos nosos sentidos, da realidade implícita, é dicir, o software procedente do cartucho cargado na consola.

Realidade "implícita" e "explicada". O videoxogo

a - Os acontecementos que se desenvolven na pantalla son "realidade explicada"

b - O software que impulsa os eventos é a "realidade implícita".

Aínda máis axeitada, se é posible, é a metáfora do videoxogo (fig. 56) onde unha intelixencia allea ao noso medio e á nosa conciencia, é dicir, o software procedente do cartucho introducido na consola, crea para nós a ilusión dun mundo fantástico con que somos capaces de interactuar coma se estiveramos realmente inmersos nel mentres, en realidade, é pura ilusión.

Outra metáfora prevé que as dúas ordes poden ser ilustradas organizando o dispositivo da figura 54 que foi explicado polo propio Bohm durante unha entrevista concedida ao sitio "oubliettemagazine.com":

> "Mentres reflexionaba sobre o 'universo implicado', un programa científico da BBC mostrou un dispositivo que ilustra ben o concepto.
>
> Consta de dous cilindros de vidro concéntricos. Entre eles hai un fluído viscoso, como a glicerina. Se se coloca unha pinga de tinta insoluble na glicerina e o cilindro exterior se xira lentamente, a pinga de tinta formará un rastro. Finalmente, o camiño faise tan difuso que se fai case invisible. Nese momento parece que non hai ningunha orde presente.
>
> Non obstante, se xiras lentamente o cilindro cara atrás, a glicerina volve á súa forma orixinal e, de súpeto, a gota de tinta volve ser visible. A pinga de tinta que se dispersaba na

glicerina reconstitúese grazas á rotación inversa".

Temos dous cilindros de vidro concéntricos, un dos cales é capaz de xirar lentamente. O espazo entre os dous cilindros énchese cun líquido viscoso como a glicerina. Cando se xira un cilindro, o fluído próximo vaise xunto con el. Pero supoñamos que o cilindro móbil está agora xirado no sentido inverso. Se o fluído é moi viscoso, como a glicerina, e o cilindro non se xira demasiado rápido, entón o elemento fluído volverá sobre os seus pasos exactos para reconstituír a pinga de tinta orixinal.

Esta metáfora ensina que hai unha orde oculta incluso no caos aparente. Cando a forma da pinga de tinta se disolve, a súa orde non se destrúe senón que permanece implícita na glicerina. Esta gota de tinta disolta representa a orde implícita, mentres que a gota enteira representa a orde explicada, é dicir, a realidade tal e como se lle parece aos nosos sentidos. A rotación do cilindro xoga un papel decisivo e representa a dinámica que unifica as dúas ordes. Na elaboración bohmia esta dinámica leva o nome de "holomovemento".

Un holograma cósmico xigante.

O termo holograma identifica xeralmente as imaxes tridimensionais, e en particular as estereoscópicas, é dicir, as que aparecen con perspectivas diferentes segundo o punto de observación. Polo tanto, un holograma é unha representación tridimensional da realidade, e podería compararse cunha fotografía normal, se a fotografía non fose bidimensional. Ao fotografar un obxecto cos métodos clásicos, só poderás velo de novo na parte que foi enmarcada pola lente. Se fotografas a unha persoa de fronte, sempre verás a súa cara pero nunca poderás ver o seu pescozo. Pola contra, un holograma devolverá a imaxe tridimensional da escena tomada, onde aparecerán obxectos e persoas coma se estivesen colocados no centro dun escenario.

Os hologramas obtéñense con técnicas especiais. A gravación realízase mediante un feixe de luz láser enviado tanto cara ao obxecto a reproducir como cara a unha placa de material sensible.

Grazas a un xogo de espellos, a luz procedente da fonte interfire coa reflectida polo obxecto. Como resultado disto, fórmanse liñas na placa, chamadas franxas de interferencia. En palabras máis sinxelas, a imaxe do obxecto fotografado non aparece na placa, senón unha maraña de liñas que conteñen información sobre a tridimensionalidade.

Naturalmente, a imaxe gravada pódese reproducir cunha precisión notable, simplemente iluminando a placa con outro raio láser. Este feixe, de feito, consegue decodificar a información reconstruíndo a imaxe tridimensional do obxecto imaxinado, que se lle parece ao espectador coma se estivese fisicamente presente.

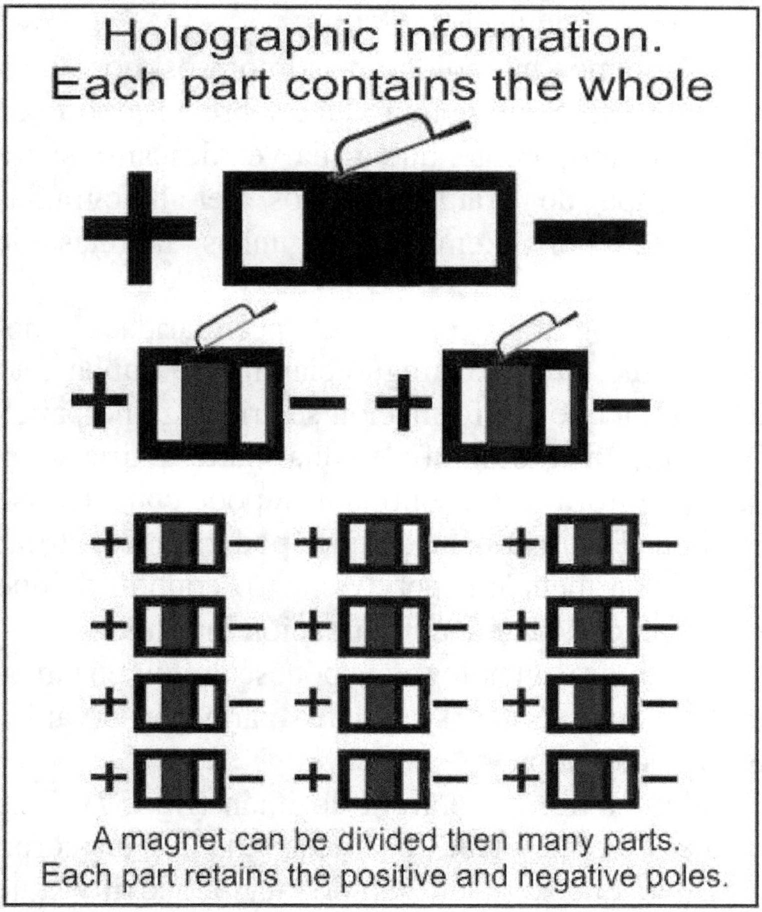

Figura 57 - Un imán pode representar unha realidade holográfica. Se o imán se divide en calquera número de partes, cada parte conserva as características do conxunto.

Información holográfica. Cada parte contén o todo

Un imán pódese dividir en moitas partes. Cada parte conserva o polo positivo e negativo.

Grazas ás melloras e desenvolvementos técnicos, agora os hologramas tamén poden ser visibles en "luz branca" ou luz solar.

Hoxe tamén hai hologramas impresos, nos que a reixa de difracción se reproduce sobre un soporte de plástico transparente, que á súa vez descansa sobre unha capa de prata. Podemos ver hologramas similares, por exemplo, nalgunhas tarxetas de crédito.

Un holograma ten unha peculiaridade moi interesante, que o distingue claramente dunha foto normal na que a información se cristaliza no papel. Se cortas unha fotografía en dúas partes e tiras unha parte, a información contida nela pode considerarse perdida definitivamente. Nunca poderás reconstruír, a partir da metade superviviente, o contido da que falta, salvo mediante aproximación intuitiva.

Pola contra, un holograma pódese dividir en tantas partes como se desexe, e cada parte conservará a información total.

Bohm suxire a metáfora do imán (fig. 57). Este obxecto, comunmente chamado imán, é un corpo metálico que xera un campo magnético invisible para o ollo humano, e produce efectos universalmente coñecidos: pode atraer ou repeler outros imáns, así como, por suposto, materiais ferrosos. O imán ten dous polos, chamados norte e sur. Se o imán se deixa xirar libremente, o polo norte é o que mira ao norte. Por suposto, no outro extremo está o Polo Sur.

Poderíase pensar que, serrando o imán polo medio, obtéñense dúas partes, unha só co polo norte e a outra só co polo sur. Non é así. Cada un dos dous lados reconstitúe inmediatamente a polaridade que falta. Podes dividir un imán en tantas partes como queiras; en todo caso, por pequena que sexa, cada parte terá un polo norte e un polo sur, é dicir, cada parte manterá intacta toda a información do imán orixinal do que se obtivo.

Cortar un holograma en dúas, dez, cen ou mil partes, pasa o mesmo. Cada parte garda toda a información da matriz da que procede.

Ademais, un holograma posúe unha incrible capacidade de almacenamento cuantitativo: abonda con cambiar o ángulo no que dous raios láser afectan á película para acumular millóns de miles de millóns de información nun só centímetro cúbico de espazo.

A analoxía co "universo implicado" é evidente: tamén aquí cada parte está interconectada con todas as outras formando unha única cousa, e nesta rede de conexións ata a parte máis pequena, como unha única partícula, contén a información global.

Dado que a información de todo o cosmos se pode recoñecer na partícula máis pequena, a teoría de Bohmia adquire características holográficas e o universo, entendido como unha orde implicada e explícita, pódese imaxinar como un inmenso holograma.

O universo holográfico.

O máis asombroso do modelo holográfico foi que de súpeto deu sentido a unha ampla gama de fenómenos escuros, como para ser considerados fóra dos límites da ciencia. Estes inclúen a telepatía, a precognición, os sentimentos místicos de unidade co universo e mesmo a psicocinese, ou a capacidade da mente para mover obxectos materiais sen que ninguén os toque".
(Michael Talbot, "Todo é un")

As intuicións de Bohm axiña tomaron unha dirección precisa, a dun universo imaxinado como un xigantesco holograma. Porén, era necesario ter en conta necesariamente o feito de que o universo non é unha realidade estática senón dinámica, unha inmensa sucesión de enerxías vibrantes e materia axitada; de feito, nada no universo subatómico é estático, como vimos ao describir o átomo.

Así, Bohm acuñou o novo termo "holomovemento". O universo, na concepción bohmiana, é un inmenso holomovemento no que cada parte, incluso a máis pequena, contén toda a historia e a intelixencia cósmica a medida que se desenvolven no tempo e no espazo.

Precisamente porque o universo "implicado" implica dentro de si todos os universos físicos e o seu devir para os nosos sentidos, o holograma resultante nin sequera coñece o concepto de estático senón que constitúe un eterno movemento de "implicación" e "explicación".

A orde implícita contén dentro de si cada tempo, pasado, presente e futuro, e cada lugar. O tempo e o lugar, que na orde explicada (é dicir, na nosa experiencia e comprensión) desenvólvense en realidades separadas, son un na orde implícita.

O holomovemento fai posible que a orde implícita conteña todas as diversidades da orde explicada. Nunha entrevista Bohm explica o holomovemento con estas palabras:

"A mesma orde implicada detectouse no complexo movemento dos campos electromagnéticos en forma de ondas luminosas. Tal movemento de ondas luminosas está presente en todas partes e abarca todo o universo do espazo e do tempo en todas as rexións. Este encerramento e despregamento ten lugar non só no movemento do campo electromagnético senón tamén noutros campos que obedecen ás leis da mecánica cuántica que implican propiedades de discontinuidade e non-localidade. A totalidade do movemento de peche e apertura pode ir inmensamente máis aló do que se detectou no transcurso das nosas observacións. Chamamos a esta totalidade o "holomovemento".

Na mesma entrevista Bohm volve dicir:

"Propoño algo así: Imaxina un mar infinito de enerxía que enche o espazo baleiro, con ondas que se moven por el, que se unen de cando en vez e producen unha intensa pulsación. Dicimos que un determinado impulso reúne e expande, creando o noso universo de espazo-tempo e materia. Poderían ocorrer máis destes impulsos. Para nós, este impulso parécenos un Big Bang; nun contexto máis amplo, é unha pequena onda. Todo xorde do despregamento no "holomovemento". Todo

> se replega sobre si mesmo na orde implicada. Chamo "implicante" ao proceso de dobrar ou pechar. Pola contra, o proceso de desdobramento ou apertura chámoo "explicativo". O implicado e o explicado son unha cousa fluída e indivisa. "

Bohm completa entón a súa visión do universo dun xeito exquisitamente místico imaxinando, como nunha matrioshka, teorías moi longas da realidade implícita subxacentes a outras, ata chegar a unha "orde superimplicada", é dicir, unha "mente cósmica". Segundo Bohm, esta Mente experimenta creativamente en si mesma a actividade das ordes superiores. Todo ser vivo participa conscientemente do todo dándolle un sentido ao todo. Sen a conciencia dos seres vivos, o universo estaría incompleto. Grazas á participación de todos os seres vivos, a "mente cósmica" avanza cara á conciencia e ao autocoñecemento.

Karl Pribram

Karl Pribram naceu en Viena en 1919 e acabou coa súa vida en 2015. Foi neurocirurxián, profesor de psiquiatría e psicoloxía en varias universidades estadounidenses, entre elas as de Stanford e Georgetown.

Os seus estudos máis importantes versan sobre o cerebro humano e o sistema nervioso: en particular, axudou a definir a natureza do sistema límbico e a relación entre este e a cortiza frontal.

Parecerá estraño que falemos del neste contexto, dedicado na súa gran maioría a físicos ou filósofos, pero hai un motivo moi concreto. De feito, Pribram é coñecida principalmente polo desenvolvemento, en colaboración con David Bohm, do chamado "modelo holonómico do cerebro" tamén coñecido como "modelo holográfico de Pribram e Bohm" ou como "paradigma holográfico".

Con este modelo, Pribram teorizou que a información, e, polo tanto, tamén as lembranzas almacenadas no noso cerebro, non están "rexistradas" nas neuronas, senón que son o resultado de patróns de ondas interferentes (patróns). Deste xeito explica a capacidade do cerebro para almacenar unha enorme cantidade de información nun espazo relativamente pequeno.

Pribram cría que os recordos almacénanse na rede de impulsos nerviosos que se entrelazan por todo o cerebro, do mesmo xeito que os raios láser se cruzan nunha película que contén unha imaxe holográfica e permiten, dependendo do ángulo, revelar enormes cantidades de información.

Figura 58 - Karl Pribram chegou, independentemente de Bohm, para elaborar o concepto de mente holográfica.

Nos seus estudos neurocirúrxicos Pribram chegara, como Bohm, á conclusión de que o funcionamento da memoria era máis comprensible ao considerala semellante a unha realidade holográfica. Naturalmente, ambos maduraron as súas conviccións seguindo camiños absolutamente diferentes. Bohm formulou a súa teoría seguindo os seus estudos de física cuántica, mentres Pribram se convenceu dunha realidade holográfica debido ás moitas, ás veces insuperables, dificultades para explicar algunhas cuestións neurofisiolóxicas.

Nos anos 70 Pribram estaba a explorar a hipótese dunha realidade holográfica, partindo do principio de que o noso cerebro procesa os sinais recibidos dos ollos para representar unha realidade mediada, semellante a un holograma.

Dado que o seu fillo era físico, pensou en recorrer a el para comparar algunhas ideas, pero o fillo aconselloulle inmediatamente que se poña en contacto con David Bohm, que sen dúbida era a persoa máis indicada. Pribram fíxoo, e do seu encontro naceu unha sólida identidade de puntos de vista sobre a posibilidade de que o universo fose unha realidade holográfica.

No seu libro "Holographic universe: The Revolutionary Theory of Reality" Michael Talbot describe así os froitos do encontro entre os dous científicos:

> "En conxunto, as teorías de Bohm e Pribram proporcionan unha forma nova e profunda de

mirar o mundo. O noso cerebro constrúe matemáticamente a realidade obxectiva, interpretando frecuencias que son, en definitiva, proxeccións doutra dimensión, unha orde de existencia máis profunda máis aló do espazo e do tempo: o cerebro é un holograma oculto nun universo holográfico.

Pribram sostén que esta síntese fíxolle consciente de que o mundo obxectivo non existe, ou polo menos non no sentido que estamos acostumados a crer. O que existe "aí fóra" é un vasto océano de ondas e frecuencias, e a realidade parécenos concreta só porque os nosos cerebros son capaces de transformar esta forma holográfica indistinta nos bloques básicos e obxectos familiares que conforman o noso mundo. (...)

Temos dous aspectos moi diferentes da realidade. Podemos vernos a nós mesmos como corpos materiais que se moven polo espazo. En caso contrario, podemos vernos como unha imaxe borrosa de patróns de interferencia agochados ao longo de todo o holograma cósmico.

Bohm cre que esta segunda visión é máis correcta".

A realidade non existe?

A combinación do modelo cerebral holográfico de Pribram coa teoría do holomovemento de Bohm dá un resultado sorprendente. Se a realidade, na concreción que percibimos, é ilusión, e todo o que existe non é senón unha masa de frecuencias e enerxías vibrantes, que queda? Se o cerebro non é máis que un holograma que decodifica as frecuencias recibidas transformándoas en percepcións sensoriais, existe realmente a realidade obxectiva?

A resposta debería ser: non, a "realidade obxectiva" non existe, certificando así o que sempre foi apoiado polas filosofías orientais, segundo a cal o mundo é só unha ilusión.

Non só iso: con esta resposta tamén rehabilitamos as teorías demasiado apresuradas de moitos filósofos occidentais, como George Berkeley, segundo quen todos os obxectos que cremos que existen non teñen corpo. Os obxectos son só ideas que os nosos sentidos transmiten ao cerebro. No cerebro estas ideas configúranse e vístense dunha falsa impresión de materialidade.

O paradigma holográfico de Pribram e o holomovemento de Bohm conducen a conclusións que moitos discuten, pero moitos outros cren que é a descrición máis precisa da realidade posible ata a data.

A onde imos.

"Hai que entender toda a vida, non só unha parte dela. Por iso hai que ler, por iso hai que mirar os ceos, por iso hai que cantar e bailar, e escribir poesía, e sufrir e comprender, porque todo isto é vida.

(Jiddu Krishnamurti)

Vivimos nunha época privilexiada na que unha sincronía de dimensións cósmicas está a guiarnos cara a obxectivos insospeitados. Acadados estes obxectivos, sucederá que espírito e materia, cubertos finalmente coa mesma dignidade, poderán implicar a toda a humanidade nuns coñecementos e posibilidades que aínda hoxe parecen incomprensibles e inalcanzables. Esta sincronía está a guiarnos na transición entre a era da materia gris e a do espírito luminoso.

Xa se deu un primeiro paso importante coa derrota do materialismo, a pesar de que aínda hoxe hai lugares, institucións e persoas que non renuncian a facer del o suposto primordial do seu exercicio intelectual, probablemente para protexer postos de privilexio ou interese.

A estas alturas as teorías materialistas están totalmente desfasadas nos campos científicos máis avanzados. Comezamos a preguntarnos se en realidade só somos "máquinas ensambladas aleatoriamente", ou se non posuímos unha "conciencia" capaz de dar forma ao universo que nos contén.

Neste contexto, unha cuestión que, ata o século pasado, circunscribíase ao nebuloso ámbito da metafísica, tórnase de extrema actualidade e comeza a atormentar as mentes dos científicos máis ilustrados: somos nós os que creamos a nosa realidade?

O estudo da alma pasa a formar parte da física.

Ata o século pasado calquera discurso sobre a existencia da alma circunscribiuse ao ámbito teolóxico ou filosófico. Agora, sorprendentemente, a cuestión pasou a formar parte da axenda da física teórica, firmemente situada na parte superior da lista de temas sen resolver pero dignos de máis estudos.

En concreto, o físico Henry Pierce Stapp está a realizar estudos declamados con certo énfase na rede a través de títulos semellantes a este: "Henry Stapp wants to probar the existence of the soul" (Henry Stapp quere demostrar a existencia da alma). En verdade, Stapp non quere tanto demostrar a existencia da alma, senón que esta, entendida como a conciencia do ser vivo, non se pode ignorar. A alma, é dicir, a conciencia, debe converterse nunha variable activa e influente nas ecuacións e fórmulas que describen o funcionamento do universo.

Stapp naceu en 1928 en Cleveland, Ohio, EUA. Doutorouse en física de partículas baixo a supervisión dos premios Nobel Emilio Segrè e Owen Chamberlain na Universidade de California, Berkeley. É coñecido polo seu traballo en mecánica cuántica, especialmente polo desenvolvemento da teoría axiomática da matriz S; publicou, entre outros, moitos traballos relacionados cos aspectos non locais da mecánica cuántica e o teorema de Bell.

En 1958 foi invitado por Wolfgang Pauli á ETH Zurich para traballar con el persoalmente en problemas básicos de mecánica cuántica. Desde 1969 foi colaborador directo de Werner Heisenberg no Instituto Max Planck de Múnic. Posteriormente, a partir de 1976 traballou con John Wheeler. É unha carreira académica sempre realizada nos máis altos niveis.

Henry Stapp. Teoría cuántica e libre albedrío.

En 2017 Stapp publicou o libro "Teoría cuántica e libre albedrío. Como as intencións mentais se traducen en accións corporais".

Este libro explica, en termos sinxelos pero precisos, como funciona a mecánica cuántica ortodoxa e mostra como esta teoría, interpretada de forma realista, asigna un papel importante ás nosas eleccións conscientes e libres. Stapp parte do principio de que a bioloxía e a neurociencia tradicionais aínda manteñen esencialmente preceptos clásicos fallidos de que as intencións mentais non afectan o comportamento da materia. Mostra como a mecánica cuántica proporciona unha base racional para unha mellor comprensión das conexións entre a conciencia e o comportamento, permitindo tamén unha explicación de certos fenómenos considerados actualmente "paranormais". Estas ideas teñen importantes implicacións para comprendernos a nós mesmos e os nosos procesos de pensamento e, polo tanto, tamén para o sentido das nosas vidas.

No libro Stapp aborda un dos temas máis espiñentos de sempre, o do libre albedrío. É un concepto que a "Enciclopedia Treccani" define como segue:

Libre albedrío. Expresión empregada para indicar a liberdade do home, cuxos actos non están determinados por forzas superiores (sobrenaturais ou naturais), senón que derivan das súas eleccións autónomas.

A expresión naceu sobre o terreo das discusións teolóxicas cristiás, en relación á reconciliación entre a omnipotencia divina e a omnisciencia e a liberdade humana. Os protagonistas do Humanismo e do Renacemento apoiaron especialmente a tese do libre albedrío con especial calidez.

Desde o punto de vista relixioso é moi difícil conciliar o libre albedrío coa idea dun Deus omnisciente: se Deus xa coñece o futuro e, polo tanto, sabe como vai actuar o home, ¿pode o home considerarse libre para escoller?

Deixemos por un momento a relixión, xa que é un concepto persoal e non obxectivo e que ata os crentes de diferentes relixións adoitan atoparse en desacordo respecto diso.

A ciencia, como sabemos, procede cos seus métodos que podemos definir como obxectivos: realiza experimentos, dos que saca conclusións concretas. Se os resultados experimentais confirman a hipótese dun xeito incontrovertible, esta convértese nunha lei física, se non, o xuízo pode ser negado ou suspendido.

No caso do libre albedrío, nunca ninguén puido afirmar que é unha lei válida. De feito, nunca se puido demostrar que, examinando varias veces unha determinada situación, sempre dá o mesmo resultado.

Partindo desta base científica podemos formular un razoamento máis amplo, ligado á certeza de que o home está formado por átomos e partículas.

Sabemos que os átomos están en perpetua axitación, e sabemos que, como parte deste movemento, tenden a agregarse con outros átomos. Pero unha cousa que non sabemos: por que os átomos se atraen e se agregan? Por que forza únense tres átomos (dous de hidróxeno e un de osíxeno) para formar unha molécula de auga? Existe unha “conciencia” que os leve a levar a cabo precisamente esta forma de agregación sumamente útil, antes que outras tantas posibles?

De feito, o átomo non debería ter unha conciencia, polo tanto, non debería poder decidir "conscientemente" que tipo de agregación realizar. Ademais, nin sequera a molécula de auga pode definirse como consciente. Pero os átomos tamén poden agregarse dun xeito máis complexo, por exemplo para formar un ser bioloxicamente "vivo", é dicir, certamente dotado de conciencia, ou polo menos de instinto. Milagrosamente, os seres dotados de conciencia nacen da agregación de miles de millóns de átomos sen conciencia.

Por que? É un auténtico crebacabezas. Cal pode ser a solución? Ou os átomos posúen unha conciencia, contraria á crenza popular, ou ben están guiados por unha conciencia externa a eles: en todo caso, unha "conciencia piloto" debe existir no proceso de agregación.

Dende o punto de vista relixioso poderíase dicir que todo está preordenado por Deus; a conciencia da que proceden todas as conciencias e todos os comportamentos conscientes é a de Deus.

Porén, a ciencia non considera válidos estes razoamentos metafísicos e continúa co seu traballo para descubrir cales son os mecanismos que determinan a agregación da materia.

Comprender como e por que os átomos se agregan significaría descubrir como se crean as conciencias dos seres vivos, en primeiro lugar a do home, e concluiríamos que a formación da conciencia se produce a partir dun proceso claramente definible. Este sería un proceso que se pode transferir a unha fórmula.

De ser así, a "formación" da conciencia formaría parte dun proceso previsible e repetible. Polo tanto, pódese hipotetizar a existencia de conciencias "estándar". Nestas condicións quedaría claro dunha vez por todas que o libre albedrío non existe.

A física cuántica desenvolve unha visión totalmente diferente, que Stapp explora no seu libro. Non podemos observar unha partícula establecendo a súa posición e velocidade, ou mellor dito, só podemos facelo probabilísticamente. Ao repetir a medida varias veces cos mesmos datos, atopamos a partícula en varios lugares diferentes. Non só iso: ao observar a partícula colapsamos a función de onda que a contén, polo que establecemos onde debería estar.

De feito, a partícula está suspendida en estado nebuloso ata que, simplemente observándoa, é dicir, mirando, decidimos nós mesmos onde colocala.

Isto ten inconmensurables consecuencias éticas e filosóficas. Se decidimos, observándoas, onde colocar as partículas, é dicir, se a nós nos toca escoller as características da materia, significa que existe o libre albedrío. Xa non somos máquinas dominadas pola materia, senón seres capaces de dominar a materia coa nosa vontade.

Nunha das súas moitas entrevistas Henry Stapp exprésase así sobre a súa teoría cuántica da conciencia:

> É importante para nós, como individuos e colectivamente, corrixir a noción actualmente estendida de que a ciencia demostra que somos autómatas mecánicos. Esta idea baséase na mecánica clásica, hoxe invalidada empíricamente. O seu sucesor, a mecánica cuántica, represéntanos como seres psicofísicos cuxas intencións conscientes non están determinadas polos aspectos físicos da Natureza, pero que con todo inflúen causalmente no curso dos acontecementos físicos.
>
> A pregunta que xorde inmediatamente é a seguinte: "Cal é a conexión entre as nosas

experiencias conscientes e o mundo descrito fisicamente?".

As teorías físicas clásicas prevalentes na ciencia durante os séculos XVIII e XIX afirmaban que calquera propiedade física está predeterminada só por propiedades físicas anteriores, sen ningunha "input" adicional da conciencia. Esta afirmación, de ser certa, implicaría que as nosas vidas carecen de sentido; reduciría a cada un de nós a autómatas mecánicos esencialmente sen sentido, incapaces de influír no curso de futuros eventos físicos nin para o seu propio beneficio nin para o beneficio de ninguén.

Hoxe sábese que as técnicas físicas clásicas son fundamentalmente falsas. Estas teorías obsoletas foron substituídas pola mecánica cuántica. Nesta teoría, as nosas "eleccións libres" conscientes xogan un papel dinámico esencial na determinación do futuro. Tales opcións chámanse "libres" porque non están restrinxidas por ningunha outra característica da teoría, estatística ou doutro tipo."

A enerxía do Espírito.

A nosa capacidade para observar partículas elementais determina a realidade do que observamos e, polo tanto, testemuña o noso libre albedrío. Pero entón, podemos preguntarnos: quen é o que observa as nosas partículas para establecer que deben formar exactamente o noso corpo e, polo tanto, a nosa conciencia? Nós, por quen somos observados?

Hai algún observador que nos determine? Ou: existe algún xogo no que somos observadores e observados, creados e creadores? Quen dirixe este xogo? ¿Ou quizais o xogo naceu dun “incipit” que nos ve dende o primeiro momento como xogadores e árbitros?

Quizais a realidade sexa un Ouroboros xigantesco, o dragón mítico mordendo a súa propia cola, formando un círculo sen principio nin fin?

Aparentemente inmóbil, pero en eterno movemento, o ouroboros representa o poder que se devora e se rexenera, a enerxía universal que se consume e se renova constantemente. Por iso simboliza a unidade e a totalidade de todo, infinito, eternidade, tempo cíclico, eterno retorno, inmortalidade e perfección.

É curioso constatar como este símbolo está presente nunha sorprendente multiplicidade de tradicións místicas e filosóficas de cada época e lugar.

O feito de que toda materia tome forma da observación contén unha necesidade ineludible: necesitamos ser observados.

O lema de George Berkeley "Esse est percipi" (Ser significa ser percibido) volve ser iluminador.

Dende este punto de vista tamén se fan comprensibles as palabras do salmista, que se dirixe a Deus dándolle as grazas por ser mirado, en efecto, por non poder escapar da súa mirada. Non só iso: recoñecendo que Deus o vixiaba desde que se formou no ventre da súa nai, admite que esa mirada o fixo perfecto "como un milagre".

David Bohm, que era fillo dun asistente dun rabino, probablemente rezou moitas veces na súa infancia coas palabras do Salmo 138.

> "Señor, buscame e coñecesme,
> xa sabes cando me sento e cando me levanto.
> penetras nos meus pensamentos dende lonxe,
> observasme cando camiño e cando descanso.
> Onde afastarse do teu espírito, onde fuxir da túa presenza?
> Os teus ollos víronme cando aínda estaba sen forma"

Nos últimos anos da súa vida Bohm quedou fascinado polas teorías do filósofo Jiddu Krishnamurti, nacido na India en 1895. Estableceu con el unha asociación cultural e espiritual, tanto que escribiron xuntos o libro "Onde remata o tempo".

No transcurso desta amizade, Bohm aproximouse moito ao misticismo oriental e transformou o seu desexo xuvenil de construír unha sociedade máis xusta (un desexo que fora contaminado polo materialismo soviético) nunha aspiración tendente ao mesmo obxectivo pero polo camiño do crecemento espiritual.

No contexto desta asociación cultural e espiritual, Bohm elaborou o pensamento que expresou nesta cita do libro “Bohm. A física do infinito” de Massimo Teodorani:

> "O campo do "finito" é todo o que podemos ver, escoitar, tocar, lembrar e describir. Este campo é basicamente o que é manifesto ou tanxible. A calidade esencial do infinito, de contraste, é a súa elusión. Esta calidade toma a forma da palabra Espírito, cuxo significado orixinal é "vento, alento".
>
> Isto suxire a existencia dunha enerxía invisible pero penetrante á que responde o mundo manifesto do finito. Esta enerxía, Espírito, impregna todos os seres vivos, e sen ela todos os organismos descompoñeríanse nos seus elementos constitutivos. O que realmente está vivo no ser vivo é a enerxía do Espírito. Esta enerxía nunca naceu nin morrerá".

Bohm referíase ao espírito entendido como Alma do mundo, unha orde superimplicada que subxace e vivifica calquera implicación e explicación posterior, situada no nivel da liberdade suprema e, como tal, libre de calquera connotación filosófica ou dogmática.

Como demostrou na súa vida, Bohm consideraba a liberdade un gran ben e aspiraba a conquistala no seu absoluto para poder compartila. Morreu dun infarto o 27 de outubro de 1992 en Londres, deixando un gran baleiro na comunidade científica e un enorme legado de ideas á espera de ser desenvolvidas tanto científica como filosóficamente.

Bibliografia

Acheson David # One thousand eighty-nine and other magic numbers.
Aguirre Anthony # Zen and Multiverses
Allen Steve # Deceptions of logic
Ambesi Alberto # Panteismo
Amir Dan Aczel #Entanglement. The greatest mystery of physics. Amir Dan Aczel # The Mystery of the Alef
Amir Dan Aczel # The God Equation
Anderl Sybilla # The universe and me. A philosophy of astrophysics
Angier Natalie # The canon of science. Guided tour from the infinitesimal to infinity for enthusiastic beginners...
Anthes Emily # Quick Guide for Brainiacs: The Mind
Arecchi Tito & Eva # Simboli e realtà
Argentieri Niccolò # Ci sono elettroni nel mondo della vita?
Armstrong David # What is metaphysics
Asimov Isaac # The Physics Book
Asimov Isaac # In the beginning. The book of genesis interpreted.
Asimov Isaac # The invisible universe
Astrolabio Ubaldini # Neuroscienze e spiritualità. Mente e coscienza nelle tradizioni
Baker Stephen # The secret power of mathematicians
BakerJoanne # Quantum Physics. 50 great ideas
Barbour Julian # The point of Janus. A new theory of time
Julian Barbour # The End of Time.
Barcelli Simone # La storia che verrà
Baron Vincenzo # Albert Einstein. Il costruttore di universi
Barrow, Tipler # The anthropic principle.
Barrow John David # 1+1 does not (always) do 2
Barrow John David # Zero to . The great story of nothing. Oscar Mondadori.
Barrow John David # From the Self to the Cosmos
Barrow John David # The numbers of the universe

Barrow John David # The Book of Universes. Complete guide to possible universes
Barrow John David # The mono within the world
Barrow John David # Infinity
Barrow John David # The universe as a work of art
Barrow John David # The Pictures of Science
Barrow John David # The Origins of the Universe
Barrow John David # Why is the world mathematical? The third
Barucca, Jannaccone Scacchi # Forced science
Barzaghi Giuseppe # Compendio di storia della filosofia
Battiston Roberto # La prima alba del cosmo. Dal big bang alla vita nell'universo
Beitman Bernard # Messages of coincidences.
Bellone Enrico # Corpi e cose
Bergson Henri # Essay on the immediate data of consciousness
Berkeley George # Philosophical Works
Bersani-Peres # Proverbial mathematics
Bersani R, Peres E. # Mathematics. Survival course
Berti Enrico # History of metaphysics
Bocchi G, Ceruti M. # Origins of stories
Bodanis David # $E=mc^2$. Biography of the equation that changed the world
Bogdanov Igor # Before the Big Bang. The origin of the universe
Bohm - Khrisnamurti # Where time ends
Bohm - Khrisnamurti # The limits of thought
Bõhm Conrad # The Keys of the Cosmos
Bohm David # Universe Mind Matter
Bojowald Martin # Before the Big Bang. Complete history of the universe
Bonaventura, Colombo, Miluzio # The made-to-measure universe. Journey into the incredible cosmic coincidences that allow us to be here
Boncinelli, Inherited # Everything is transformed. Brief history of energy
Borgna Eugenio # Il tempo e la vita
Brockmn John # That's not true but I believe it
Bruno Giordano # Of the infinite universe and worlds
Bryson Bill # A Brief History of (Almost) Everything
Bui Daniele, LeoniSilvio # Mente, cervello e coscienza. Il vicolo cieco del materialismo nel pensiero di Sir John Eccles
Burgin Luc # Errors of science
Cambray Joseph # Synchronicity. Nature and psyche in an interconnected universe.
Campbell, Joseph # Dee. The mysteries of the divine feminine
Campbell, Joseph # The Inner Reaches of the Cosmos. The metaphor in myth and religion
Cantalupi -Santarcangelo # Psiche e realtà

Cappelletti Valentina # From order to things. Essay on Werner Heisenberg
Capra F. Luisi P.L. # Life and nature. A systemic view.
Goat Fritjof # The turning point
Goat Fritjof # The Tao of Physics.
Goat Fritjof # The science of life
Goat Fritjof # Towards a new wisdom
Carlson W. Bernard#Tesla. The inventor of the electric age
Casati Roberto # La scoperta dell'ombra
Castorina Paolo # La «particella di Dio» e l'origine della massa
Cattabiani Alfredo # Planetarium
Cederquist John # Coincidences don't exist.
Cesati Cassin Marco # Non siamo qui per caso. Il potere delle coincidenze.
Chandrasekhar Sub. # Truth and beauty. The reasons for aesthetics in science.
Chiaberge Riccardo # Il Dio variabile
Chinnici Giorgio # Si dà il caso. Il funzionamento segreto del mondo quantistico
Chopra Deepak # Coincidences.
Ciuffardi, Perissi # La fine della coscienza? Dalla mente bicamerale all'intelligenza artificiale
Clark Michael # Paradoxes A to Z
Close Frank # Theories of everything
Scatti Monica # Buchi neri evanescenti
Coppens Yves # The construction of prehistory
Couliano Joan # The journeys of the soul
Coustè Alberto # Brief history of the devil
Crespi Marco # L'equazione della coscienza
Currivan Jude # The Cosmic Hologram
D'Ancona Vittorino # Greek mythology
Dal Buono Lucio # Dall'atomo all'anima. Tutto quello che devi sapere
Damasio Antonio # Emotion and conscience
Damasio Antonio # Descartes' error. Emotion, reason and the human brain
Dask Mike # Beyond Borders
Davies Paul # How to build a time machine
Davies Paul # God and the new physics
Davies Paul # The last three minutes
Davies Paul # The Mysteries of Time. The universe after Einstein
Davies Paul # The Intelligent Cosmos
Davies Paul # The fleeing universe
Davies Paul # The Mind of God
Davies Paul # Are we alone?

Davies Paul # On the edge of infinity. Naked singularities and distribution of space-time
Dawkins Richard # The Blind Watchmaker
De Agostini # Biology
De Agostini # Large paperbacks. Geographical atlas. Historical. Astronomy
De Crescenzo Luciano # Ordine e disordine
De Crescnzo Luciano # empo e felicità
De Santillana Giorgio, Von Dechend Hertha # Hamlet's mill. Essay on myth and the structure of time.
De Santillana Giorgio #Sirio
Dehaene Stanislas # Brain and consciousness
Della Sala, Dewar # Never trust your mind. N+1 experiments to understand how it deceives us and why
Delmastro Marco # Particelle familiari. Le avventure della fisica e il bosone di Higgs
By Francesco Michele, Marraffa, Tomasetta # Filosofia della mente. Corpo, coscienza, pensiero
Mondadori Dictionary # Dizionario della saggezza orientale
Donà Massimo # Magia e filosofia
Du Sautou Marcus # The perfect mess
Du Sautou Marcus # The Million Dollar Equation
Du Sautou Marcus # The impossible theories. What are the limits of science?
Dumezil Geoges # Archaic Roman religion
Edelmen, Tononi # Un universo di coscienza. Come la materia diventa immaginazione..
Albert Einstein # Albert Einstein. Relativity and new physics
Einstein Albert # The world as I see it
Einstein Albert # Thoughts, ideas, opinions
Einstein, Infeld # The evolution of physics
Ekelan Ivar # Chaos
Ereditato Antonio # Le particelle elementari
Hermes Trismegistus # Poimandres
Fabbro Franco # The biological foundations of philosophy. The symbolic nature of DNA, psyche and language
Facchini Fiorenzo # L'avventura dell'uomo. Caso o progetto?
Facchini Fiorenzo # Origini dell'uomo ed evoluzione culturale
Facchini- Magnani # Myths and rites of prehistory
Faggin Federico # Irriducibile, Conscience, life, computers and our nature
Faggin Federico # Silicon
Falletta Nicholas # The Book of Paradoxes
Federrici Vescovini G. # Magico Medioevo
Ferrini Federico # Onde gravitazionali. Una nuova porta per il cosmo

Ferris Timothy # The Adventure of the Universe. From Aristotle to quantum theory and beyond: a never ending story
Ferrone Vincenzo # Una scienza per l'uomo
Feynman Richard # The meaning of things
Feynman Richard # QED
Feynman Richard # Six Easy Pieces
Albertini Foundation # Prove e indizi dell'aldilà
Andrea Sardos Foundation # Prove e indizi dell'aldilà. Il caso Andrea
Ford Kenneth # The quantum world. Quantum physics for everyone.
Fosar-Bludorf # Hyperconsciousness. Intelligence is hidden in the DNA
Foster Charles # We human beings. 40,000 years of history of consciousness
Franks E.M. # Carl Jung's theory of psychological types
Fraser J. T. # Time: an unknown presence
Frazer James # The golden branch
Friedman Richard # Who Wrote the Bible?
Frova Andrea # Il Cosmo e il Buon Dio. Dialogo su astronomia, evoluzione e mito
Find Andrea # Luce. Una storia da Pitagora ad oggi
Find Andrea # Perché succede quello che succede
Galfard Cristophe # How to understand E=mc2
Galilei Galileo # DDialogo dei principali sistemi
Gallippi Angelo # Federico Faggin. Il padre del microprocessore
Gamow George # Gravity
Gamow George # The Adventures of Mr. Tompkins. Daedalus Editions
Gamow George # New World of mr. Tompkins. Zanichelli
Gamow George # Thirty Years That Shocked Physics
Gasperini Maurizio # L'universo prima del big bang. Cosmologia e teoria delle stringhe
Gazzaniga Michael # Conscience is an instinct. The mysterious link between the brain and the mind
Giacobbo Roberto # Secret cities
Giacobini, d'Errico # The Neanderthal hunters
Giacomelli Giorgio # Dal quark al big bang
Giuliodori Lucio # Sul concetto di sincronicità: Jung tra psicoanalisi e quantismo
Giuliodori Lucio # Tra fisica e metafisica. Alcune implicazioni
Atlanti Giunti # Geografia generale, astronomia e cartografi
Gleick James # Chaos. The birth of a new science
Goldman Jane #Xfiles. The Book of Incredible Facts
Goswami Amit # Quantum Guide to Enlightenment. Mediterranean Editions
GrazianoMichael # Rethinking conscience
Grecchi Vittorio # The brain field lies
Greek Peter # The origin of the universe

Greene Brian # Until the end of time. Mind, matter and the search for meaning in an ancient universe
Greene Brian # The elegant universe. Superstrings. hidden dimensions and the search for the ultimate theory.
Greene Brian # The Elegant Universe
Greene Brian # The Hidden Reality
Greene Brian # The hidden reality - parallel universes and profound laws of the cosmos. Philosophies of sciences
Greene Brian # The plot of the cosmos. Space, reality.
Gribbn John # Encyclopedic Dictionary of Quantum Physics
Guido Paolo # Da Buddha a Einstein
Hack Margherita Ferreri Cossard # La lunga storia delle origini. I grandi miti e le teorie con cui l'umanità ha spiegato l'universo
Hall Nna # Chaos. A science for the real world
Hand David # Chance does not exist. Because the most amazing things happen every day
Harner Michael # The Way of the Shaman
Harrison Edward # The Masks of the Universe
Hawking - Penrose # The nature of space and time
Hawking Heckler # The Grand Design.
Hawking -Mlodinov # From the Big Bang to black holes. Brief history of the universe. Mondadori
Hawking Stephan # Holes nr and newborn universes
Hawking Stephen # The universe in a nutshell. Oscar Saggi Mondadori.
Hawking Stephen # The Great History of Time. Mondadori
Stephen Hawking # The Theory of Everything. Origin and destiny of the universe. Mondadori.
Hawking Stephen # Gazing up at the stars
Heckler Richard # Coincidences
Heidegger, Martin # What is metaphysics?
Heidegger, Martin # The concept of time
Heisenberg Werner # Physics and Philosophy
Hermann Greta # Physics and philosophy
Higfield, Roger # The Science of Henry Potter
Hillman, James # The Soul Code
Hope Murry # The Secret of Sirius
Hopke Robert # Nothing happens by chance. Oscar Mondadori
Hoyle Fred # The Origin of the Universe and the Origin of Religion
Humphrey Nicholas # Soul Dust. The Magic of Consciousness
Hunter Tobias # A new idea of the world
Huxley Aldous # Brave New World. Back to the new world.
Jaffè Aniela # Dreams, prophecies, apparitions
Jaynes Julian # The Breakdown of the Bicameral Mind and the Origin of Consciousness

Johnson Steven # Where great ideas are born. Natural history of innovation
Joseph Frank # The Power of Coincidences. The meeting point.
Jou David # Rewrite Genesis. In search of the mathematical formula of creation
Jung Carl # Animus and anima
Jung Carl # Experience and mystery
Jung Carl # The Red Book. Liber novus.
Jung Carl # Jung speaks Interviews and meetings
Jung Carl # The analysis of dreams. The archetypes of the unconscious. The synchronicity.
Jung Carl # The ego and the unconscious
Jung Carl # Man and his symbols
Jung Carl # The psychic dimension. Collection of writings.
Jung Carl # Psychology of the unconscious
Jung Carl # Memories and reflections.
Jung Carl # Psychological types
Kaku Michio # The future of humanity
Kaku Michio # Hyperspace
Kaku Michio # The divine equation
Kane Gordon # The Garden of Building Blocks. Longanesi
Karsenti Eric # A Brief History of the Origins of Life. From the cell to the human being, the most beautiful story ever told: ours
Kauffman Stuart # Reinventing the sacred
Kinnebriock Werner # Where does the passing of time go. Physics, philosophy and daily life
Kippenhahn Rudolf # Pocket Cosmology. From the big bang to the poetry of the starry sky
Koch Christof ok # The search for conscience
Kornelius Martin #Einstein Light
Kosko Bart # The fuzzy-thinking
Krauss Lawrence # The Dark Heart of the Universe. In search of the «Fifth essence
Krauss Lawrence # The Universe from Nothing
Krauss Lawrence # The Physics of Star Trek
Kumar Manjit # Quantum. From Einstein to Bohr, a new idea of reality.
Kundera Milan # Immortality
Kung Hans # Chinese Christianity and Religiosity. Arnoldo Mondadori editor.
Lalumera Elisabetta # Cosa sono i concetti
Lambert Karel, G. Gordon # Introduction to the philosophy of science
Lanternari Vittorio # Religione, magia e droga
Lanza R. + Herman # Biocentrism
Lanza Robert # The grand biocentric design
Lanza Robert # Beyond biocentrism

Laszlo Erwin # Science and the Akashic Plan
LaszloErvin # The Immortal Mind
Lazzara Salvatore # Vedi alla voce scienza
Lederman-Hill # Quantum Physics for Poets
Ledoux Joseph # The emotional brain
Licata Ignazio # Observing the Sphinx. DiRenzo Publisher.
Lindley David # Einstein's moon
Lipton Bruce # The Biology of Belief
Livio Mario # La sezione aurea. Storia di un numero e di un mistero che dura da tremila anni
Lu Tung-pin # The Secret of the Golden Flower
Luc Georg # Il magico nella cultura antica
Luccio Riccardo # FDall'anima alla mente. Breve storia della psicologia
Lurker Manfrd # Dictionary of Biblical Pictures and Symbols
Marchesi Fabio # Exotropia
Marchi Vittorio # La scienza dell'Uno. Chiave per l'universo nascosto
Marconi Momolina # Prelude to the history of religions
Marletto Chiara # La scienza dell'impossibile. Alla ricerca delle nuove leggi della fisica
Martini Francesco # Persuasive communication 4 books
Massalenti (curator) # Qualcosa di grande. L'infinita bellezza e complessità di tutto ciò che esiste
Massimini Tononi # Nothing greater
Mavaldi Marco # The two heads of the tyrant. Mathematical methods for freedom
Mazzitelli Italo # What if God existed? E se Dio esistesse? I limiti della conoscenza scientifica quando si indaga su Dio e la religione
McTaggart Lynne # The secret force of the universe. The zero point field
McTaggart Lynne # The Bond. The quantum link
Mecacci Luciano # Identikit of the brain
Michell John # Astroarchaeology
Miramonti Reseghetti # Neutrino. La particella fantasma
Mondadori # Dictionary of oriental wisdom
Morowitz Harold # The birth of everything
Mortier Roland # Imposters and gullible people in the Age of Enlightenment
Matteo Motterlini # Mental traps. Rizzoli
Mugnos Sabrina # The universe that thinks
Mullis Kary # They dance naked in the field of mind
Musso Paolo # Science and the idea of reason. Science, philosophy and religion from Galileo to black holes and beyond.
Muzzio Publisher # Caos. Una scienza per il mondo reale
Nagel Thomas # A very short introduction to philosophy
Neumann Erich # History of the origins of consciousness
Nietzsce # Beyond good and evil

Nietzsche Friedrich # Thus Spoke Zarathustra
New Syntheses # Galileo Newton Einstein
O'Keane Veronica # The Bazaar of Memory. How we build memories and how memories build us
O'Regan J. Kevin # Why colors don't play. A new theory of consciousness
Odifreddi Piergiorgio # Una via di fuga. Il grande racconto della geometria moderna
Oldstone Moore # Understanding Taoism
Oliverio Alberto # Dove ci porta la scienza
Oliverio Alberto # L'arte di ricordare. La memoria e i suoi segreti
Oreglio Flavio # Curiosa storia della scienza. Le radici pagane dell'Europa
Osho # Rajneesh's bible
Overbye Dennis # Einstein innamorato. La vita di un genio, tra scoperte scientifiche e passione romantica
Palazzi Pablo # The Great Illusion
Palmarini and others # Musica, luce, colori, nuova energia
PanekRichard # The invisible century
Paolelli Ermanno # Neuro-quantum. The new frontier of neuroscience
Parigi Silvia # Magia e scienza nell'età moderna
Paris Giorgio # In un volo di storni. Le meraviglie dei sistemi complessi
Pauli Wolfgang # Psyche and nature
Pearson Carol S. # The hero within us
Peat David # The Paths of Chance
Peat David # Synchronicity. A union between matter and psyche. Magi Editions
Peiretti Federico # Il matematico si diverte. Duecento giochi e puzzle che hanno fatto la storia della matematica
Pellegrini Massimo # Fisica quantistica per principianti
Penrose Roger # The Universe is still a secret
Penrose Roger # The Emperor's New Mind
Penrose Roger # The road that leads to reality
Perconti Pietro # Conscience. Philosophical lexicon
Pichot André # The birth of science. Mesopotamia, Egypt, Ancient Greece
Pim van Lommel # Consciousness beyond life
Pinotti-Baccarini # Italia esoterica
Pizzuti Marco # From man 2.0 to the universal matrix of ooscience. Unauthorized evolution
Plato # Against Democracy
Plez Ugo # The lost sciences
Poli Eric Francesca # Anatomy of quantum consciousness
Polkinghorne John # Quantum theory
Popper Karl # The ego and its brain. Armando Publisher.

Powell Arthur # The astral body and related phenomena
Prattico Franco # From chaos… to conscience
Privitera Agata # MBT The Myers-Briggs theory and the 16 personalities
Proverb Edward # Archaeoastronomy
Radin Dean # Interconnected Minds. Psychic phenomena explained by quantum physics.
Ramorino Felice # Classic mythology illustrated
Randall Lisa # Curved passes. The mysteries of the hidden dimensions of the universe
Ranucci Stefano # Physics of the other world. When consciousness and quantum physics explain the paranormal
Reda Giuseppe # Energy and its forms of existence
Reeves Hubert # Cosmic Evolution
Regge Tullio # Infinity
Renn Jurgen # The evolution of knowledge
Rey Olivier # Itineraries of bewilderment. What if science were a great metaphysical enterprise?
Rezzolla Luciano # The irresistible attraction of gravity. Journey to the discovery of black holes
Rhine Louisa # Psychokinesis. Mind dominates matter. Golem Books.
Richet Pascal # A natural history of time
Robinson Richard # Why does toast always fall buttered side up?
Robinson Richard # Why does toast always fall buttered side up? The brilliant scientific explanation of Murphy's Laws
Rodriguez Pepe # God was born a woman
Romano Giuliano # Archeoastronomia italiana
Romanus Julian # Orientamenti ad sidera
Rosati Giancarlo # Cosmic consciousness. Path to enlightenment
Rossi Daniela # Matter that dreams
Roth Reme # The Seekers of God
Rovelli Carlo # Heligoland
Rowan Robinon # The nine numbers of the cosmos. The origin and nature of our universe
Rucker Rudy # The Fourth Dimension. A guided journey into higher order universes
Russel Bertrand # Dictionary of physical and moral logic
Russo Lucio # The forgotten revolution. Greek scientific thought
Russo Michele # Is life a “case” of matter?
Essay Isabella # Age, if any
Sale Musio Carla # Communicating with those who no longer have a body
Sarle John # The Mystery of Conscience
Schoch Robert # The voice of the stones. Lost civilizations
Schoepflin Maurice # 100 Philosophers
Schopenhauer Arthur # The art of getting right

Schumacher Ernst # A guide for the perplexed
Searle John # The mind
Sermonti Giuseppe # A science without a soul.
Serra Pietro # From the soul to the conscience. An incursion into the folds of the mind
Severino Emanuele # The anti philosophy
Shapira Haim # Lessons on Infinity
Sheldrake Rupert # The Extended Mind. Hooray.
Sheldrake Rupert # The illusions of science. Hooray.
Siegfried Tom # The Number of Heavens. A story of the multiverse and the quest to understand the cosmos
Sigman Mariano # The Secret Life of the Mind. How our brain works when it thinks, feels, decides
Singer Charles # A Brief History of Scientific Thought
Sissa ISAS laboratories # Chaos and complexity
Smith Michael # Jung and shamanism.
Smolin, Lee # Einstein's Unfinished Revolution. The search for what is there
Sorensen Roy # Philosophical Wonder Room
Sparzani and Panepucci # Jung e Pauli. La corrispondenza originaria:
Stanzani Maserati # Consciousness and meaning
Stapp Henry# Quantum Theory and Free Will. Springer International Publishing.
Stavros Joshua # Shamanism
Stein Murray # The principle of individuation. Towards the development of consciousness
Stenger Victor # Why Science Doesn't Believe in God. Faith's Lost Challenge to Reason
Styer Daniel # Really understanding relativity. Discovering Einstein's theory
Sun-Tzu # The Art of War
Surace Graziano # The Quantum of Challenge
Surprise Kirby # Sincronicità. Comprendere e utilizzare coincidenze significative
Tagliagambe Malinc # Jung e il libro rosso: il sé e il sacrificio dell'ego. Moretti & Vitali.
Malinc Legcutter. # Pauli e Jung. Un confronto tra materia e psiche.
Tagliagambe Silvano # Lo sguardo e l'ombra
Talbot Michael # All is one. Feltrinelli
Teilhard de Chardin # The human phenomenon
Teilhard de Chardin # The future of man
Teillard De Chardin # The place of Man in Nature
Teillard De Chardin # The singularities of the human species
Teodorani Massimo # Bohm. The physics of infinity.

Teodorani Massimo # Entanglement. The entanglement in the quantum world: from particles to consciousness.
Teodorani Massimo # The great celestial numbers
Teodorani Massimo # The atom and the elementary particles. Macro Editions
Teodorani Massimo # The creative mind. From the physical universe to intelligent life. Macro Editions.
Teodorani Massimo # Telling the universe. Popular introduction to astrophysics
Teodorani Massimo # Synchronicity. The link between physics and psyche. From Pauli to Jung to Chopra.
Teodorani Massimo # Teleportation
Teodorani Massimo # Tesla. A brillant idea
Tesla Nicola # My inventions. The autobiography of a genius
Tesla Nikola # On increasing human energy
Frank Tipler # The physics of immortality. Double day.
Tong Ziya # When you look at the world and you don't see it
Toni Paolo # Mathematical sparks. Games and competitions of creativity and logic
Tononi Edelman # A universe of consciousness
Tononi Giuio # PHI A journey from the brain to the soul
De Agostini # Illuminismo
Vaas Rudiger # Hawking. Universe, space, time
Vacca Roberto # You too are a mathematician
Vafa Cumrun # Puzzles to decipher the world
Vassallo Nicola # Philosophies of the sciences
Vidali Paolo # History of the idea of nature. From Greek Thought to Anthropocene Consciousness
Vincenzo Lorenzo # Enlightenment.
Vitebski Piers # Shamans
Von Franz Marie-Louise # Divination and synchronicity. Psychology of significant coincidences
Von Franz Marie-Louise # Fairy tales interpreted
Von Franz Marie-Louise # Psyche and matter
Von Franz Marie-Louise-ok # Psychological typology. The functions of consciousness: thinking and feeling, intuition and sensation
White John # The meeting of science and spirit. Publishing Practices.
Widmann Claudio # Introduction to synchronicity. Magi Editions.
Widmann Claudio # Synchronicities and significant coincidences. Magi Editions.
Wiener Anna # The dark valley
Wigner Eugene # The unreasonable efficacy of mathematics in the natural sciences
Wilber Ken # Quantum Issues
Wilson Edward # Wonderful Harmony

Wolf Fred # Time loops and space twists. How God created the universe. Find out why space, time and matter are closely connected
Wolke Robert # To his barber Einstein told it like this. Daily life and scientific questions
Zeilinger Anton # Einstein's Veil
Zeilinger Anton # The dance of photons
Zichichi Antonino # The irresistible charm of time. From the resurrection of Christ to the subnuclear universe
Zichichi Antonino # Infinity
Zolla Elemire # Archetypes. auras. Secret truths. Wandering Dionysus
Zoppi Giorgi0 # Cosmology with six difficulty levels

Bruno Del Medico, blogueiro, escritor, editor, especializado na difusión de temas relacionados coa actualidade social e as novas fronteiras da ciencia. É autor de moitos textos relacionados coa recente pandemia e dunha serie especializada en física cuántica e metafísica.

www.ingramcontent.com/pod-product-compliance
Lightning Source LLC
LaVergne TN
LVHW010641051026
849532LV00001B/145
* 9 7 9 8 2 1 5 5 5 0 5 8 8 *